書いて定着

アウトプット専用問題集

式・関数

もくじ

本書の特長と使い方

本書は，成績アップの壁を打ち破るため，
問題を解いて解いて解きまくるための
アウトプット専用問題集です。

次のようにに感じたことの
ある人はいませんか？

- ☑ 授業は理解できる
  ➡ でも問題が解けない！
- ☑ あんなに手ごたえ十分だったのに
  ➡ テスト結果がひどかった
- ☑ マジメにがんばっているけれど
  ➡ ぜんぜん成績が上がらない

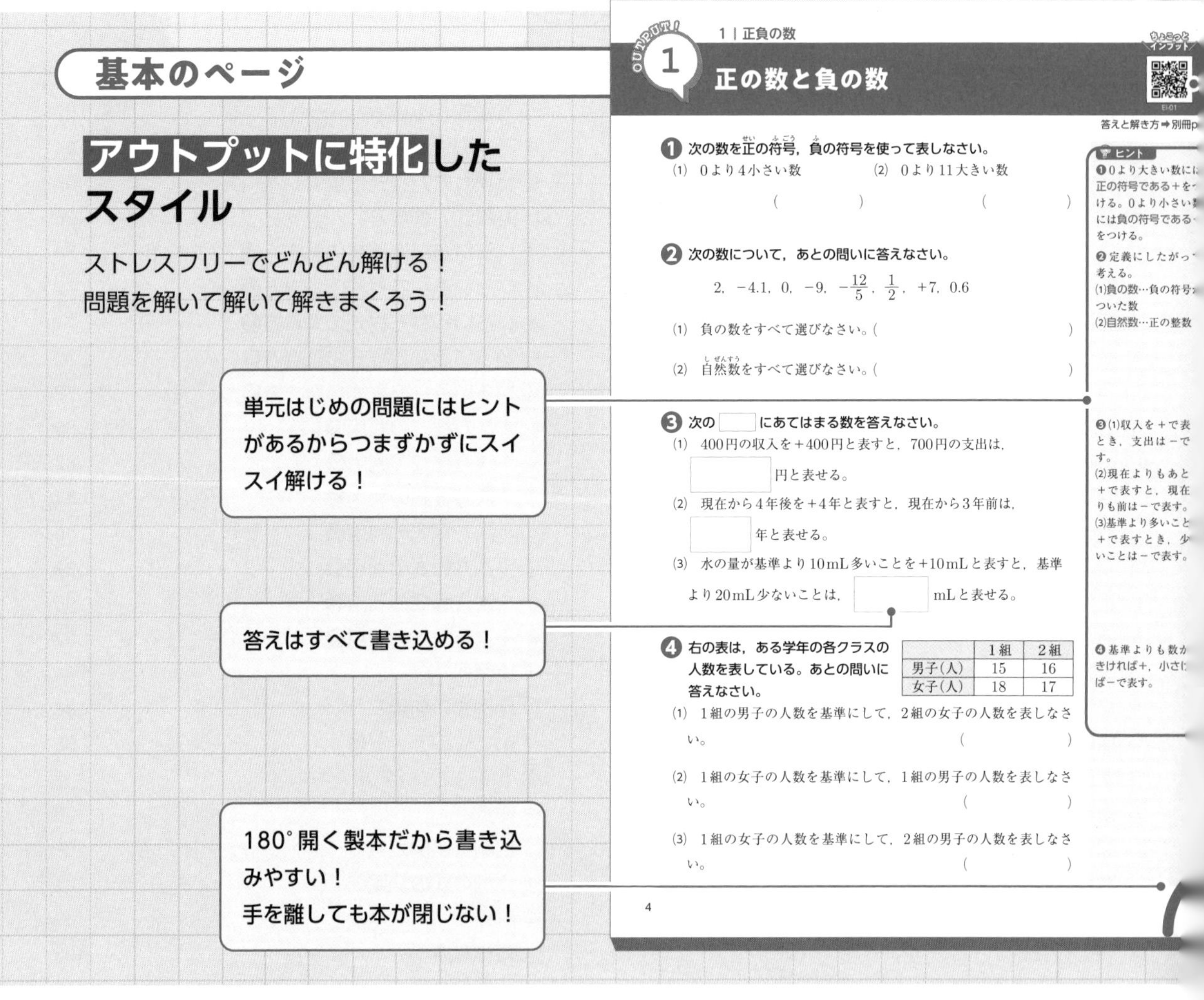

基本のページ

アウトプットに特化したスタイル

ストレスフリーでどんどん解ける！
問題を解いて解いて解きまくろう！

単元はじめの問題にはヒントがあるからつまずかずにスイスイ解ける！

答えはすべて書き込める！

180°開く製本だから書き込みやすい！
手を離しても本が閉じない！

1｜正負の数

OUTPUT! 1 正の数と負の数

答えと解き方➡別冊p

1 次の数を正の符号，負の符号を使って表しなさい。
(1) 0より4小さい数　(2) 0より11大きい数
(　　　)　(　　　)

2 次の数について，あとの問いに答えなさい。

$2,\ -4.1,\ 0,\ -9,\ -\frac{12}{5},\ \frac{1}{2},\ +7,\ 0.6$

(1) 負の数をすべて選びなさい。(　　　)
(2) 自然数をすべて選びなさい。(　　　)

3 次の□にあてはまる数を答えなさい。
(1) 400円の収入を+400円と表すと，700円の支出は，□円と表せる。
(2) 現在から4年後を+4年と表すと，現在から3年前は，□年と表せる。
(3) 水の量が基準より10mL多いことを+10mLと表すと，基準より20mL少ないことは，□mLと表せる。

4 右の表は，ある学年の各クラスの人数を表している。あとの問いに答えなさい。

	1組	2組
男子(人)	15	16
女子(人)	18	17

(1) 1組の男子の人数を基準にして，2組の女子の人数を表しなさい。(　　　)
(2) 1組の女子の人数を基準にして，1組の男子の人数を表しなさい。(　　　)
(3) 1組の女子の人数を基準にして，2組の男子の人数を表しなさい。(　　　)

ヒント
❶0より大きい数には正の符号である＋をつける。0より小さい数には負の符号である－をつける。
❷定義にしたがって考える。
(1)負の数…負の符号がついた数
(2)自然数…正の整数
❸(1)収入を＋で表すとき，支出は－で表す。
(2)現在よりもあとを＋で表すと，現在よりも前は－で表す。
(3)基準より多いことを＋で表すとき，少ないことは－で表す。
❹基準よりも数が大きければ＋，小さければ－で表す。

4

テストのページ

まとめのテスト

数単元ごとに設けています。
これまでに学んだ単元で重要なタイプの問題を掲載しているので，復習に最適です。点数を設定しているので，定期テスト前の確認や自分の弱点強化にも使うことができます。

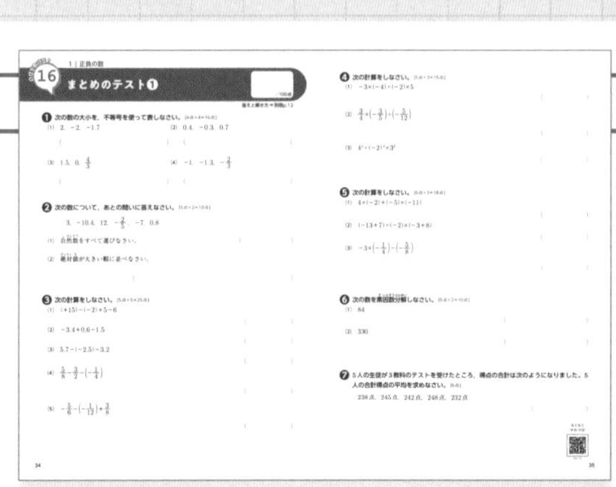

原因は実際に問題を解くという

アウトプット不足

です。

本書ですべて解決できます！

5 次の数を正の符号，負の符号を使って表しなさい。

(1) 0より6大きい数　　(　　　)

(2) 0より14小さい数　　(　　　)

(3) 0より2.2小さい数　　(　　　)

(4) 0より$\frac{1}{9}$大きい数　　(　　　)

6 次の数について，あとの問いに答えなさい。

$-\frac{7}{3}$，−4，+16，0，$\frac{2}{13}$，−9.2，1.6，3

(1) 負の数をすべて選びなさい。　(　　　)

(2) 正の数をすべて選びなさい。　(　　　)

(3) 自然数をすべて選びなさい。　(　　　)

7 次の□にあてはまる数を答えなさい。

(1) 東に5m進むことを+5mと表すと，西に3m進むことは，□mと表せる。

(2) 現在から15分前を−15分と表すと，現在から20分後は，□分と表せる。

(3) ある商品の重さが基準より0.5g軽いことを−0.5gと表すと，基準より1.2g重いことは，□gと表せる。

8 右の表は，昨年と今年における，ある月のA市とB市の平均気温を表している。あとの問いに答えなさい。

	昨年	今年
A市(℃)	22	24
B市(℃)	15	16

(1) 今年のA市の平均気温を基準にして，昨年のB市の平均気温を表しなさい。　(　　　)

(2) 今年のB市の平均気温を基準にして，昨年のA市の平均気温を表しなさい。　(　　　)

(3) 昨年のA市の平均気温を基準にして，昨年のB市の平均気温を表しなさい。　(　　　)

らくらくマルつけ

Ea-01

5

180°

スマホを使うサポートも万全！

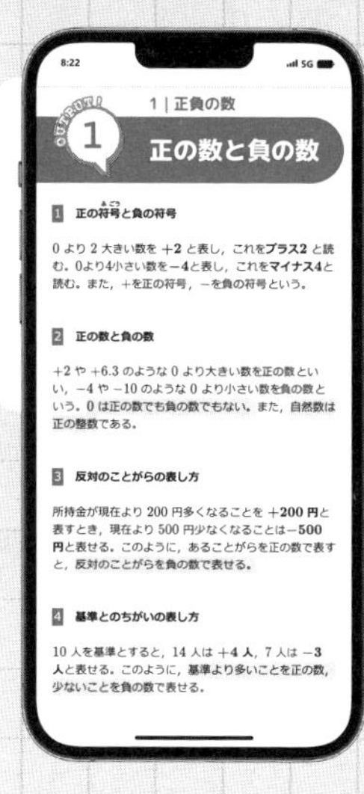

＼ちょこっとインプット／

わからないことがあったら，QRコードを読みとってスマホやタブレットでサクッと確認できる！

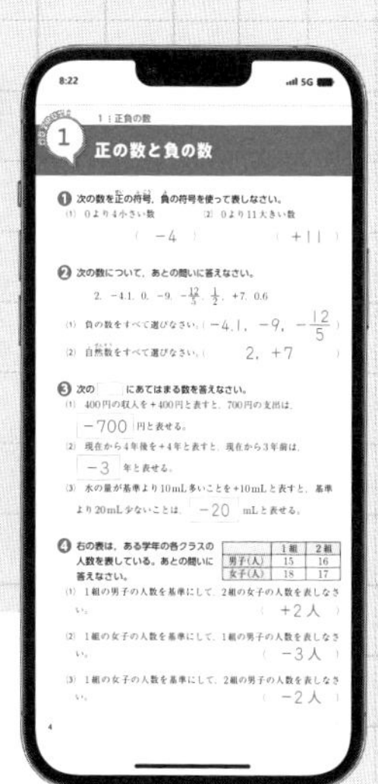

＼らくらくマルつけ／

QRコードを読みとれば，解答が印字された紙面が手軽に見られる！

※くわしい解説を見たいときは別冊をチェック！

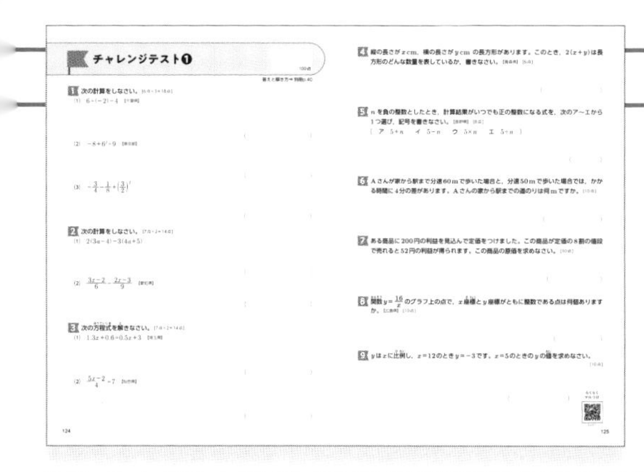

チャレンジテスト

巻末に2回設けています。
簡単な高校入試の問題も扱っているので，自身の力試しに最適です。
入試前の「仕上げ」として時間を決めて取り組むことができます。

●「ちょこっとインプット」「らくらくマルつけ」は無料でご利用いただけますが，通信料金はお客様のご負担となります。●すべての機器での動作を保証するものではありません。●やむを得ずサービス内容に変更が生じる場合があります。● QRコードは(株)デンソーウェーブの登録商標です。

正の数と負の数

答えと解き方➡別冊p.2

❶ 次の数を正(せい)の符号(ふごう)，負(ふ)の符号を使って表しなさい。

(1) 0より4小さい数　(　　　)

(2) 0より11大きい数　(　　　)

❷ 次の数について，あとの問いに答えなさい。

$2,\ -4.1,\ 0,\ -9,\ -\frac{12}{5},\ \frac{1}{2},\ +7,\ 0.6$

(1) 負の数をすべて選びなさい。(　　　)

(2) 自然数(しぜんすう)をすべて選びなさい。(　　　)

❸ 次の □ にあてはまる数を答えなさい。

(1) 400円の収入を＋400円と表すと，700円の支出は，□円と表せる。

(2) 現在から4年後を＋4年と表すと，現在から3年前は，□年と表せる。

(3) 水の量が基準より10mL多いことを＋10mLと表すと，基準より20mL少ないことは，□mLと表せる。

❹ 右の表は，ある学年の各クラスの人数を表している。あとの問いに答えなさい。

	1組	2組
男子(人)	15	16
女子(人)	18	17

(1) 1組の男子の人数を基準にして，2組の女子の人数を表しなさい。(　　　)

(2) 1組の女子の人数を基準にして，1組の男子の人数を表しなさい。(　　　)

(3) 1組の女子の人数を基準にして，2組の男子の人数を表しなさい。(　　　)

ヒント

❶ 0より大きい数には正の符号である＋をつける。0より小さい数には負の符号である－をつける。

❷ 定義にしたがって考える。
(1)負の数…負の符号がついた数
(2)自然数…正の整数

❸ (1)収入を＋で表すとき，支出は－で表す。
(2)現在よりもあとを＋で表すと，現在よりも前は－で表す。
(3)基準より多いことを＋で表すとき，少ないことは－で表す。

❹ 基準よりも数が大きければ＋，小さければ－で表す。

5 **次の数を正の符号，負の符号を使って表しなさい。**

(1) 0より6大きい数　　（　　　　）

(2) 0より14小さい数　　（　　　　）

(3) 0より2.2小さい数　　（　　　　）

(4) 0より$\frac{1}{9}$大きい数　　（　　　　）

6 **次の数について，あとの問いに答えなさい。**

$-\frac{7}{3}$，-4，$+16$，0，$\frac{2}{13}$，-9.2，1.6，3

(1) 負の数をすべて選びなさい。　　（　　　　）

(2) 正の数をすべて選びなさい。　　（　　　　）

(3) 自然数をすべて選びなさい。　　（　　　　）

7 **次の□にあてはまる数を答えなさい。**

(1) 東に5 m 進むことを+5 m と表すと，西に3 m 進むことは，□m と表せる。

(2) 現在から15分前を−15分と表すと，現在から20分後は，□分と表せる。

(3) ある商品の重さが基準より0.5g 軽いことを−0.5g と表すと，基準より1.2g 重いことは，□g と表せる。

8 **右の表は，昨年と今年における，ある月のA市とB市の平均気温を表している。あとの問いに答えなさい。**

	昨年	今年
A市(℃)	22	24
B市(℃)	15	16

(1) 今年のA市の平均気温を基準にして，昨年のB市の平均気温を表しなさい。　　（　　　　）

(2) 今年のB市の平均気温を基準にして，昨年のA市の平均気温を表しなさい。　　（　　　　）

(3) 昨年のA市の平均気温を基準にして，昨年のB市の平均気温を表しなさい。　　（　　　　）

らくらく
マルつけ
Ea-01

数直線と数の大小・絶対値

答えと解き方➡別冊p.2

❶ 次の数直線について，あとの問いに答えなさい。

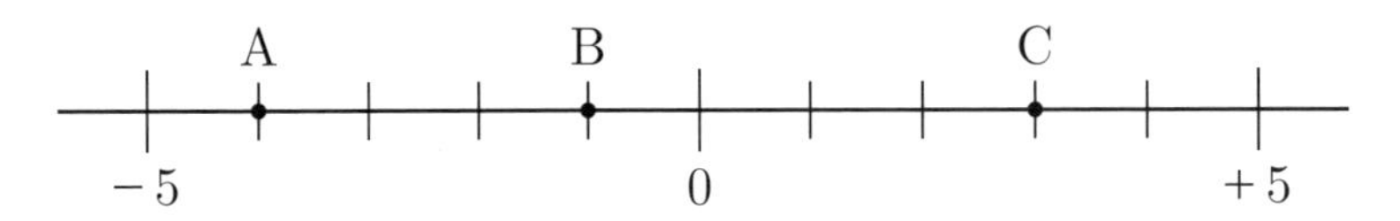

(1) 点A，B，Cが表す数を答えなさい。

A(　　　　)　B(　　　　)　C(　　　　)

(2) 次の数を表す点を，数直線にしるしなさい。

① $+2$　② -2.5　③ $+4.5$

❷ 次の数の大小を，不等号を使って表しなさい。

(1) $+1$，$+5$

(　　　　)

(2) -3，-2

(　　　　)

(3) -5，$+7$，0

(　　　　)

(4) $+1$，-8，-9

(　　　　)

❸ 次の数の絶対値（ぜったいち）を答えなさい。

(1) $+12$　(　　　　)

(2) -5　(　　　　)

(3) $+84$　(　　　　)

(4) -4.9　(　　　　)

(5) $+0.8$　(　　　　)

(6) $-\frac{2}{3}$　(　　　　)

❹ 次の数について，あとの問いに答えなさい。

-2，-3，0，$+3$，-6，$+5$

(1) 絶対値がもっとも大きい数を選びなさい。(　　　　)

(2) 絶対値が等しい2つの数を選びなさい。(　　　　)

ヒント

❶ 0から+5までに目もりが5つあるから，目もり1つ分の大きさは1である。0より右側の点は正の数，左側の点は負の数を表す。

❷ 数直線上で考えたときに，右にある数のほうが大きい。

❸ 数直線上での原点（げんてん）からの距離（きょり）が，その数の絶対値である。

❹ (1)数直線上で原点からもっともはなれた数を選ぶ。(2)数直線上での原点からの距離が等しい2つの数を選ぶ。

5 次の数直線について，あとの問いに答えなさい。

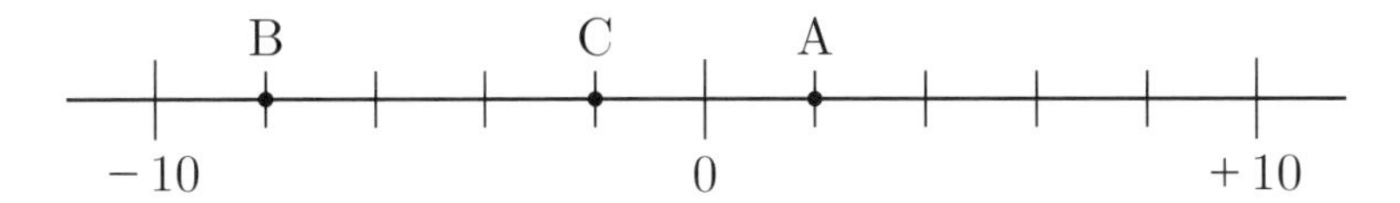

(1) 点A，B，Cが表す数を答えなさい。

A(　　　　　) B(　　　　　) C(　　　　　)

(2) 次の数を表す点を，数直線にしるしなさい。

① +6　② −5　③ +1

6 次の数の大小を，不等号を使って表しなさい。

(1) +4，−2

(　　　　　)

(2) −5.2，−1.3

(　　　　　)

(3) +3.4，−2，+4.2

(　　　　　)

(4) $-\frac{1}{5}$，$-\frac{4}{5}$，0

(　　　　　)

7 次の数の絶対値を答えなさい。

(1) +3

(　　　　　)

(2) 0

(　　　　　)

(3) −2.8

(　　　　　)

(4) $+\frac{4}{9}$

(　　　　　)

(5) $-\frac{7}{10}$

(　　　　　)

(6) $+\frac{8}{3}$

(　　　　　)

8 次の数について，あとの問いに答えなさい。

1.4，−2.5，−9，3，−6，+2.5

(1) 絶対値がもっとも大きい数を選びなさい。(　　　　　)

(2) 絶対値がもっとも小さい数を選びなさい。(　　　　　)

(3) 絶対値が等しい2つの数を選びなさい。(　　　　　)

らくらくマルつけ

Ea-02

2つの数の加法

答えと解き方➡別冊p.3

❶ 次の計算をしなさい。

(1) $(+2)+(+7)$

(　　　　　)

(2) $(-4)+(-1)$

(　　　　　)

(3) $(-7)+(-4)$

(　　　　　)

❷ 次の計算をしなさい。

(1) $(+4)+(-2)$

(　　　　　)

(2) $(-9)+(+9)$

(　　　　　)

(3) $(+8)+(-12)$

(　　　　　)

(4) $(-5)+(+6)$

(　　　　　)

❸ 次の計算をしなさい。

(1) $(+3.6)+(-2.2)$

(　　　　　)

(2) $\left(-\frac{2}{3}\right)+\left(+\frac{5}{6}\right)$

(　　　　　)

ヒント

❶ 同符号(ふごう)の数の加法である。

(1) $(+2)+(+7)$
$=+(2+7)$

(2) $(-4)+(-1)$
$=-(4+1)$

(3) $(-7)+(-4)$
$=-(7+4)$

❷ 異符号の数の加法である。

(1) $(+4)+(-2)$
$=+(4-2)$

(2) $(-9)+(+9)$
$=+(9-9)$

(3) $(+8)+(-12)$
$=-(12-8)$

(4) $(-5)+(+6)$
$=+(6-5)$

❸ 小数・分数の加法である。

(1) $(+3.6)+(-2.2)$
$=+(3.6-2.2)$

(2) $\left(-\frac{2}{3}\right)+\left(+\frac{5}{6}\right)$
$=+\left(\frac{5}{6}-\frac{4}{6}\right)$

❹ 次の計算をしなさい。

(1) $(-3)+(-2)$

(　　　　　)

(2) $(+6)+(+5)$

(　　　　　)

(3) $(-3)+(-6)$

(　　　　　)

(4) $(+4)+(+9)$

(　　　　　)

❺ 次の計算をしなさい。

(1) $(-3)+(+8)$

(　　　　　)

(2) $(-5)+(+3)$

(　　　　　)

(3) $(+7)+(-2)$

(　　　　　)

(4) $(+3)+(-13)$

(　　　　　)

(5) $(-5)+(+11)$

(　　　　　)

(6) $(+11)+(-11)$

(　　　　　)

❻ 次の計算をしなさい。

(1) $(+5)+(-1.7)$

(　　　　　)

(2) $(-5.8)+(+6.3)$

(　　　　　)

(3) $\left(+\frac{3}{4}\right)+\left(-\frac{1}{8}\right)$

(　　　　　)

(4) $\left(-\frac{2}{3}\right)+\left(+\frac{1}{4}\right)$

(　　　　　)

らくらく
＼マルつけ／

Ea-03

2つ以上の数の加法

答えと解き方➡別冊p.3

❶ 次の計算をしなさい。

(1) $0+(-4)$

(　　　　　　)

(2) $(-11)+0$

(　　　　　　)

❷ 次の計算をしなさい。

(1) $(+2)+(-2)+(-6)$

(　　　　　　)

(2) $(-8)+(+3)+(+8)$

(　　　　　　)

(3) $(+12)+(+5)+(-2)$

(　　　　　　)

(4) $(+4)+(+5)+(-3)+(-7)$

(　　　　　　)

(5) $(-2)+(+6)+(-3)+(+9)$

(　　　　　　)

(6) $(+8.4)+(-1.3)+(-5)+(+7)$

(　　　　　　)

ヒント

❶ 0との加法（かほう）である。
(1)0にaを加えた数はa
(2)aに0を加えた数はa

❷ (1)(2)和が0になる2数を先に計算するとよい。
(3)和が10になる2数を先に計算するとよい。
(4)(5)(6)**正の数どうし**，**負の数どうし**の和を先に計算するとよい。

❸ 次の計算をしなさい。

(1) $(-8)+0$

(　　　　　　)

(2) $0+(-4.5)$

(　　　　　　)

❹ 次の計算をしなさい。

(1) $(-4)+(-4)+(+8)$

(　　　　　　)

(2) $(+9)+(+8)+(-9)$

(　　　　　　)

(3) $(+8.2)+(+3)+(+1.8)$

(　　　　　　)

(4) $(+6)+(+1)+(-4)+(-5)$

(　　　　　　)

(5) $(-3)+(+8)+(+11)+(-2)$

(　　　　　　)

(6) $(-5)+(+9)+(-1)+(+3)$

(　　　　　　)

(7) $(+3.5)+(-4.6)+(+16.5)+(-5.4)$

(　　　　　　)

らくらく
＼マルつけ／

Ea-04

2つの数の減法

答えと解き方➡別冊p.4

❶ 次の計算をしなさい。

(1) $(+3)-(+4)$

(　　　　　　)

(2) $(-9)-(-3)$

(　　　　　　)

(3) $(-5)-(+2)$

(　　　　　　)

(4) $(+5.7)-(+3.4)$

(　　　　　　)

(5) $(-4.4)-(-5.4)$

(　　　　　　)

(6) $\left(+\frac{3}{5}\right)-\left(-\frac{1}{5}\right)$

(　　　　　　)

(7) $\left(-\frac{5}{12}\right)-\left(+\frac{2}{3}\right)$

(　　　　　　)

❷ 次の計算をしなさい。

(1) $0-(-2)$

(　　　　　　)

(2) $0-(+8)$

(　　　　　　)

ヒント

❶ 加法(かほう)になおして計算する。

(1) $(+3)-(+4)$
$=(+3)+(-4)$

(2) $(-9)-(-3)$
$=(-9)+(+3)$

(3) $(-5)-(+2)$
$=(-5)+(-2)$

(4) $(+5.7)-(+3.4)$
$=(+5.7)+(-3.4)$

(5) $(-4.4)-(-5.4)$
$=(-4.4)+(+5.4)$

(6) $\left(+\frac{3}{5}\right)-\left(-\frac{1}{5}\right)$
$=\left(+\frac{3}{5}\right)+\left(+\frac{1}{5}\right)$

(7) $\left(-\frac{5}{12}\right)-\left(+\frac{2}{3}\right)$
$=\left(-\frac{5}{12}\right)+\left(-\frac{8}{12}\right)$

❷ 0との減法(げんぽう)である。

(1) $0-(-2)=0+(+2)$

(2) $0-(+8)=0+(-8)$

❸ 次の計算をしなさい。

(1) $(+7)-(+5)$

(　　　　　)

(2) $(-4)-(-9)$

(　　　　　)

(3) $(-8)-(+6)$

(　　　　　)

(4) $(+5)-(-3)$

(　　　　　)

(5) $(+3)-(+11)$

(　　　　　)

(6) $(+3.6)-(+8.7)$

(　　　　　)

(7) $(+2.5)-(-6.3)$

(　　　　　)

(8) $(-6.4)-(-3.3)$

(　　　　　)

(9) $\left(-\frac{2}{7}\right)-\left(-\frac{5}{7}\right)$

(　　　　　)

(10) $\left(+\frac{1}{4}\right)-\left(+\frac{2}{9}\right)$

(　　　　　)

❹ 次の計算をしなさい。

(1) $0-(+4)$

(　　　　　)

(2) $0-(-11)$

(　　　　　)

(3) $(-9)-0$

(　　　　　)

(4) $(-14)-0$

(　　　　　)

らくらく
マルつけ

Ea-05

加法と減法の混じった計算❶

答えと解き方➡別冊p.5

❶ 次の式を加法(かほう)だけの式になおしなさい。

(1) $3-1$

(　　　　　　　　　　　　　　　　)

(2) $-8+4$

(　　　　　　　　　　　　　　　　)

(3) $-11-2$

(　　　　　　　　　　　　　　　　)

(4) $-9+4-1$

(　　　　　　　　　　　　　　　　)

❷ 次の式の項(こう)をすべて答えなさい。

(1) $-4+1$

(　　　　　　　　　　　　　　　　)

(2) $9-12$

(　　　　　　　　　　　　　　　　)

(3) $6-7+3$

(　　　　　　　　　　　　　　　　)

(4) $-0.4-1.5+2$

(　　　　　　　　　　　　　　　　)

(5) $\frac{1}{3}+\frac{3}{5}-\frac{3}{4}$

(　　　　　　　　　　　　　　　　)

(6) $2-3-13+5$

(　　　　　　　　　　　　　　　　)

ヒント

❶ (1) $+3$，-1の和と考える。
(2) -8，$+4$の和と考える。
(3) -11，-2の和と考える。
(4) -9，$+4$，-1の和と考える。

❷ $2-1$は$+2$と-1の和を表しており，$+2$，-1を$2-1$の項という。

❸ 次の式を加法だけの式になおしなさい。

(1) $-2-9$

(　　　　　　　　　　)

(2) $3-14$

(　　　　　　　　　　)

(3) $-7+2$

(　　　　　　　　　　)

(4) $-6-8-4$

(　　　　　　　　　　)

(5) $-4-9+2$

(　　　　　　　　　　)

❹ 次の式の項をすべて答えなさい。

(1) $5-2$

(　　　　　　　　　　)

(2) $-14+4$

(　　　　　　　　　　)

(3) $-7-3+8$

(　　　　　　　　　　)

(4) $2.3+1.6-4.5$

(　　　　　　　　　　)

(5) $\frac{2}{5}-\frac{3}{8}+\frac{3}{2}$

(　　　　　　　　　　)

(6) $-4-10-1+5$

(　　　　　　　　　　)

らくらく
マルつけ

Ea-06

加法と減法の混じった計算②

答えと解き方➡別冊p.6

❶ 次の式を項(こう)だけを並べた式になおしなさい。ただし，式のはじめの項の＋の符号は省略すること。

(1) $(+2)+(-7)$

( )

(2) $(-6)-(+12)$

( )

(3) $(-9)-(-4)$

( )

❷ 次の計算をしなさい。

(1) $3-4+7$

( )

(2) $-5+2-7$

( )

(3) $-4-(-2)+6$

( )

(4) $1.5-2.3+3.5$

( )

(5) $4-9+7-2$

( )

(6) $-6-2+13-(-3)$

( )

(7) $\frac{5}{8}-\frac{1}{4}+\frac{1}{2}$

( )

ヒント

❶ (2) $(-6)-(+12)$
$=(-6)+(-12)$
(3) $(-9)-(-4)$
$=(-9)+(+4)$

❷ 正の項の和，負の項の和を先に求めて計算する。
(1) $3-4+7=3+7-4$
(2) $-5+2-7$
$=2-5-7$
(3) $-4-(-2)+6$
$=2+6-4$
(4) $1.5-2.3+3.5$
$=1.5+3.5-2.3$
(5) $4-9+7-2$
$=4+7-9-2$
(6) $-6-2+13-(-3)$
$=13+3-6-2$
(7) $\frac{5}{8}-\frac{1}{4}+\frac{1}{2}$
$=\frac{5}{8}+\frac{1}{2}-\frac{1}{4}$

3 次の式を項だけを並べた式になおしなさい。ただし，式のはじめの項の＋の符号は省略すること。

(1) $(-4)+(+5)$

(　　　　　　　)

(2) $(+1.5)-(+2)$

(　　　　　　　)

(3) $(+10)-(-12)$

(　　　　　　　)

(4) $(-8)-(-6)$

(　　　　　　　)

(5) $(-7)+(+2.5)$

(　　　　　　　)

(6) $(+11)-(+3)$

(　　　　　　　)

4 次の計算をしなさい。

(1) $8-2+5$

(　　　　　　　)

(2) $2-7-4$

(　　　　　　　)

(3) $5-2-(-6)$

(　　　　　　　)

(4) $-4.8+3-1.2$

(　　　　　　　)

(5) $-3+2-8-5$

(　　　　　　　)

(6) $-5-(+2)-(-4)-3$

(　　　　　　　)

(7) $-\frac{3}{4}+\frac{1}{6}+\frac{1}{2}$

(　　　　　　　)

(8) $\frac{1}{3}-\frac{5}{6}+\frac{7}{9}$

(　　　　　　　)

らくらく
＼マルつけ／

Ea-07

2つの数の乗法

答えと解き方➡別冊p.7

❶ 次の計算をしなさい。

(1)　$(+2)\times(+6)$

(　　　　　　　)

(2)　$(-3)\times(-5)$

(　　　　　　　)

(3)　$(-9)\times(-4)$

(　　　　　　　)

❷ 次の計算をしなさい。

(1)　$(+3)\times(-4)$

(　　　　　　　)

(2)　$(-5)\times(+5)$

(　　　　　　　)

(3)　$(+8)\times(-2)$

(　　　　　　　)

(4)　$(-6)\times(+4)$

(　　　　　　　)

❸ 次の計算をしなさい。

(1)　$(-1)\times(+4)$

(　　　　　　　)

(2)　$(-7)\times(-1)$

(　　　　　　　)

(3)　$(+9)\times 0$

(　　　　　　　)

ヒント

❶ 同符号(ふごう)の数の乗法(じょうほう)である。

(1) $(+2)\times(+6)$
$=+(2\times6)$

(2) $(-3)\times(-5)$
$=+(3\times5)$

(3) $(-9)\times(-4)$
$=+(9\times4)$

❷ 異符号の数の乗法である。

(1) $(+3)\times(-4)$
$=-(3\times4)$

(2) $(-5)\times(+5)$
$=-(5\times5)$

(3) $(+8)\times(-2)$
$=-(8\times2)$

(4) $(-6)\times(+4)$
$=-(6\times4)$

❸ (1) $(-1)\times(+4)$
$=-(1\times4)$

(2) $(-7)\times(-1)$
$=+(7\times1)$

(3) ある数に0をかけると，積は0になる。

4 次の計算をしなさい。

(1) $(-6)\times(-3)$　（　　　）

(2) $(+7)\times(+5)$　（　　　）

(3) $(-2)\times(-11)$　（　　　）

(4) $(+3)\times(+9)$　（　　　）

(5) $(+4)\times(+8)$　（　　　）

(6) $(-8)\times(-7)$　（　　　）

5 次の計算をしなさい。

(1) $(-4)\times(+4)$　（　　　）

(2) $(+6)\times(-5)$　（　　　）

(3) $(-7)\times(+6)$　（　　　）

(4) $(+3)\times(-13)$　（　　　）

(5) $(+8)\times(-3)$　（　　　）

(6) $(-12)\times(+4)$　（　　　）

6 次の計算をしなさい。

(1) $(+8)\times(-1)$　（　　　）

(2) $(-1)\times(-3)$　（　　　）

(3) $0\times(-5)$　（　　　）

(4) $(-6)\times(-1)$　（　　　）

3数以上の乗法

答えと解き方➡別冊p.7

❶ 次の計算をしなさい。

(1) $2\times5\times(-6)$

(　　　　　　)

(2) $(-3)\times(-4)\times2$

(　　　　　　)

(3) $(-4)\times(-5)\times(-7)$

(　　　　　　)

(4) $(-25)\times3\times4$

(　　　　　　)

(5) $18\times(-5)\times(-0.5)$

(　　　　　　)

(6) $(-16)\times(-9)\times\frac{1}{8}$

(　　　　　　)

❷ 次の計算をしなさい。

(1) $(-2)^2$

(　　　　　　)

(2) -4^2

(　　　　　　)

(3) $(-3)^2\times7$

(　　　　　　)

(4) $-5^2\times(-2)$

(　　　　　　)

ヒント

❶ (1) $2\times5\times(-6)$
$=-(2\times5\times6)$
(2) $(-3)\times(-4)\times2$
$=+(3\times4\times2)$
(3) $(-4)\times(-5)\times(-7)$
$=-(4\times5\times7)$
(4) $(-25)\times3\times4$
$=-(25\times4\times3)$
(5) $18\times(-5)\times(-0.5)$
$=+(18\times0.5\times5)$
(6) $(-16)\times(-9)\times\frac{1}{8}$
$=+\left(16\times\frac{1}{8}\times9\right)$

❷ 累乗(るいじょう)をふくむ計算である。
(1) $(-2)^2$
$=(-2)\times(-2)$
(2) $-4^2=-(4\times4)$
(3) $(-3)^2\times7$
$=(-3)\times(-3)\times7$
(4) $-5^2\times(-2)$
$=-(5\times5)\times(-2)$

❸ 次の計算をしなさい。

(1) $3\times(-6)\times2$

(　　　　　)

(2) $(-6)\times5\times(-3)$

(　　　　　)

(3) $(-15)\times(-7)\times(-4)$

(　　　　　)

(4) $(-5.5)\times9\times(-2)$

(　　　　　)

(5) $(-20)\times(-7)\times(-0.2)$

(　　　　　)

(6) $\frac{1}{12}\times(-13)\times(-36)$

(　　　　　)

❹ 次の計算をしなさい。

(1) -7^2

(　　　　　)

(2) $(-8)^2$

(　　　　　)

(3) $(-3)\times(-5)^2$

(　　　　　)

(4) $(2\times3)^2$

(　　　　　)

(5) $3^2\times(-8)$

(　　　　　)

らくらく
＼マルつけ／

Ea-09

2つの数の除法

答えと解き方➡別冊p.8

❶ 次の計算をしなさい。

(1) $(+12)\div(+6)$ 　（　　　　　）

(2) $(-21)\div(-3)$ 　（　　　　　）

(3) $(-20)\div(-4)$ 　（　　　　　）

(4) $(+36)\div(+9)$ 　（　　　　　）

❷ 次の計算をしなさい。

(1) $(+16)\div(-8)$ 　（　　　　　）

(2) $(-24)\div(+6)$ 　（　　　　　）

(3) $(+36)\div(-12)$ 　（　　　　　）

(4) $(-52)\div(+13)$ 　（　　　　　）

❸ 次の計算をしなさい。

(1) $0\div(+5)$ 　（　　　　　）

(2) $0\div(-3)$ 　（　　　　　）

ヒント

❶ 同符号(ふごう)の数の除法である。

(1) $(+12)\div(+6)$
$=+(12\div6)$

(2) $(-21)\div(-3)$
$=+(21\div3)$

(3) $(-20)\div(-4)$
$=+(20\div4)$

(4) $(+36)\div(+9)$
$=+(36\div9)$

❷ 異符号の数の除法である。

(1) $(+16)\div(-8)$
$=-(16\div8)$

(2) $(-24)\div(+6)$
$=-(24\div6)$

(3) $(+36)\div(-12)$
$=-(36\div12)$

(4) $(-52)\div(+13)$
$=-(52\div13)$

❸ 0をどのような数でわっても商は0になる。

また，ある数を0でわる計算は考えない。

❹ 次の計算をしなさい。

(1) $(-10)\div(-2)$

(　　　　　　)

(2) $(+45)\div(+5)$

(　　　　　　)

(3) $(-12)\div(-4)$

(　　　　　　)

(4) $(-56)\div(-14)$

(　　　　　　)

(5) $(+26)\div(+13)$

(　　　　　　)

(6) $(-64)\div(-8)$

(　　　　　　)

❺ 次の計算をしなさい。

(1) $(-35)\div(+7)$

(　　　　　　)

(2) $(+33)\div(-3)$

(　　　　　　)

(3) $(+18)\div(-3)$

(　　　　　　)

(4) $(-105)\div(+21)$

(　　　　　　)

(5) $(+84)\div(-7)$

(　　　　　　)

(6) $(-54)\div(+9)$

(　　　　　　)

❻ 次の計算をしなさい。

(1) $0\div(-10)$

(　　　　　　)

(2) $0\div(+2)$

(　　　　　　)

らくらく
＼マルつけ／

Ea-10

逆数，乗法と除法の混じった計算

答えと解き方➡別冊p.9

❶ 次の数の逆数(ぎゃくすう)を答えなさい。

(1) -3 （　　　）

(2) $-\frac{4}{5}$ （　　　）

❷ 次の計算をしなさい。

(1) $8\div\left(-\frac{4}{3}\right)$ （　　　）

(2) $\left(-\frac{7}{5}\right)\div(-6)$ （　　　）

(3) $\left(-\frac{3}{8}\right)\div\left(-\frac{2}{9}\right)$ （　　　）

(4) $\left(-\frac{5}{9}\right)\div\frac{2}{3}$ （　　　）

(5) $7\times8\div(-4)$ （　　　）

(6) $\left(-\frac{1}{4}\right)\times\frac{2}{3}\div\frac{6}{7}$ （　　　）

ヒント

❶ (1) -3 との積が1になる数を答える。

(2) $-\frac{4}{5}$ との積が1になる数を答える。

❷ (1) $8\div\left(-\frac{4}{3}\right)$
$=8\times\left(-\frac{3}{4}\right)$

(2) $\left(-\frac{7}{5}\right)\div(-6)$
$=\left(-\frac{7}{5}\right)\times\left(-\frac{1}{6}\right)$

(3) $\left(-\frac{3}{8}\right)\div\left(-\frac{2}{9}\right)$
$=\left(-\frac{3}{8}\right)\times\left(-\frac{9}{2}\right)$

(4) $\left(-\frac{5}{9}\right)\div\frac{2}{3}$
$=\left(-\frac{5}{9}\right)\times\frac{3}{2}$

(5) $7\times8\div(-4)$
$=7\times8\times\left(-\frac{1}{4}\right)$

(6) $\left(-\frac{1}{4}\right)\times\frac{2}{3}\div\frac{6}{7}$
$=\left(-\frac{1}{4}\right)\times\frac{2}{3}\times\frac{7}{6}$

❸ 次の数の逆数を答えなさい。

(1) -8

(　　　　　)

(2) $-\frac{13}{9}$

(　　　　　)

❹ 次の計算をしなさい。

(1) $\frac{3}{5}\div(-9)$

(　　　　　)

(2) $\left(-\frac{12}{13}\right)\div(-4)$

(　　　　　)

(3) $\left(-\frac{5}{2}\right)\div\left(-\frac{3}{8}\right)$

(　　　　　)

(4) $\frac{7}{6}\div\left(-\frac{2}{3}\right)$

(　　　　　)

(5) $(-4)\times3^2\div(-18)$

(　　　　　)

(6) $5\times(-3)\div(-2)^2$

(　　　　　)

(7) $\left(-\frac{2}{7}\right)\div\left(-\frac{3}{14}\right)\times\left(-\frac{1}{6}\right)$

(　　　　　)

らくらく
マルつけ

Ea-11

四則の混じった計算

答えと解き方➡別冊p.10

❶ 次の計算をしなさい。

(1) $8+(-3)\times2$

(　　　　　　)

(2) $(-6)\div2-5$

(　　　　　　)

(3) $(-2)\times6+4\times8$

(　　　　　　)

(4) $12\times(6-1)$

(　　　　　　)

(5) $(4-13)\div3$

(　　　　　　)

(6) $7+20\div(-2)^2$

(　　　　　　)

(7) $27\div(-1+4)^2-4^2$

(　　　　　　)

❷ 分配法則を利用して，次の計算をしなさい。

(1) $\left(\frac{1}{12}-\frac{3}{4}\right)\times(-36)$

(　　　　　　)

(2) $99\times(-16)$

(　　　　　　)

ヒント

❶ (1) $8+(-3)\times2$
$=8+(-6)$
(2) $(-6)\div2-5$
$=-3-5$
(3) $(-2)\times6+4\times8$
$=-12+32$
(4) $12\times(6-1)$
$=12\times5$
(5) $(4-13)\div3$
$=-9\div3$
(6) $7+20\div(-2)^2$
$=7+20\div4$
(7) $27\div(-1+4)^2-4^2$
$=27\div9-16$

❷ 分配法則を使うと，計算が簡単になる場合がある。

(1) $\left(\frac{1}{12}-\frac{3}{4}\right)\times(-36)=\frac{1}{12}\times(-36)-\frac{3}{4}\times(-36)$

(2) $99=100-1$ と考える。

❸ 次の計算をしなさい。

(1) $14\div(-2)+4$

(　　　　　)

(2) $-2-(-5)\times3$

(　　　　　)

(3) $3\times9-(-4)\times(-5)$

(　　　　　)

(4) $-4\times(17+8)$

(　　　　　)

(5) $16\div(2-10)$

(　　　　　)

(6) $-18\div(-3)^2+12$

(　　　　　)

(7) $5^2-14\div(-3+2)^2$

(　　　　　)

❹ 分配法則を利用して，次の計算をしなさい。

(1) $(-45)\times\left(\frac{2}{15}-\frac{4}{9}\right)$

(　　　　　)

(2) $(-22)\times103$

(　　　　　)

(3) $-8\times18-12\times18$

(　　　　　)

らくらく
マルつけ
Ea-12

数の範囲と四則，素数

答えと解き方➡別冊p.10

❶ 次の数について，あとの問いに答えなさい。

$4,\ -6,\ -3.2,\ \frac{2}{3},\ 0,\ 15$

(1) 整数にふくまれない数をすべて選びなさい。

(　　　　　　　　　　　)

(2) 整数にふくまれて，自然数にふくまれない数をすべて選びなさい。

(　　　　　　　　　　　)

❷ 次の計算をした結果が，いつでも自然数になる場合は○を，そうでない場合は×をつけなさい。

(1) 自然数どうしの加法

(　　　　　)

(2) 自然数どうしの減法

(　　　　　)

(3) 自然数どうしの乗法

(　　　　　)

(4) 自然数どうしの除法

(　　　　　)

❸ 10より小さい素数をすべて答えなさい。

(　　　　　　　　　　　)

ヒント

❶ (2)整数には，自然数，0，負の整数がふくまれる。

❷ いろいろな2つの自然数を用いて，実際に計算してみる。

❸ 1とその数自身しか約数をもたない数を答える。**1は素数でない**ことに注意する。

❹ 次の数について，あとの問いに答えなさい。

$-9,\ 3,\ -7.5,\ -\dfrac{5}{4},\ 1,\ 5$

(1) 自然数にふくまれない数をすべて選びなさい。

(　　　　　　　　　　　　　　　)

(2) 整数にふくまれて，自然数にふくまれない数をすべて選びなさい。

(　　　　　　　　　　　　　　　)

❺ 次の計算をした結果が，いつでも整数になる場合は○を，そうでない場合は×をつけなさい。

(1) 整数どうしの加法

(　　　　　)

(2) 整数どうしの減法

(　　　　　)

(3) 整数どうしの乗法

(　　　　　)

(4) 整数どうしの除法

(　　　　　)

(5) 自然数どうしの減法

(　　　　　)

(6) 自然数どうしの除法

(　　　　　)

❻ 10より大きく20より小さい素数をすべて答えなさい。

(　　　　　　　　　　　　　　　)

らくらく
＼マルつけ／

Ea-13

素因数分解

答えと解き方➡別冊p.11

❶ 次の数を素因数分解しなさい。ただし，同じ素数の積は累乗の指数を使って表しなさい。

(1) 10　　(　　　)

(2) 21　　(　　　)

(3) 12　　(　　　)

(4) 45　　(　　　)

(5) 126　　(　　　)

(6) 300　　(　　　)

❷ 次の問いに答えなさい。

(1) 70を素因数分解しなさい。　　(　　　)

(2) 70の約数をすべて求めなさい。　　(　　　)

ヒント

❶ まずは2，3，5のような小さい素数でわり切れるかを確かめるとよい。

❷ (2) $70=2\times(5\times7)$や，$70=5\times(2\times7)$のように表せることから70の約数を求める。

❸ 次の数を素因数分解しなさい。ただし，同じ素数の積は累乗の指数を使って表しなさい。

⑴ 14

( )

⑵ 33

( )

⑶ 50

( )

⑷ 63

( )

⑸ 140

( )

⑹ 156

( )

❹ 次の問いに答えなさい。

⑴ 99を素因数分解しなさい。

( )

⑵ 99の約数をすべて求めなさい。

( )

らくらく
＼マルつけ／

Ea-14

正負の数の利用

答えと解き方➡別冊p.11

❶ 次の表は，5人の生徒が受けた英語のテストの得点と，それぞれの得点と平均点とのちがいを表したものです。ただし，それぞれの得点が平均点より高い場合は正の数，低い場合は負の数で表しています。あとの問いに答えなさい。

	Aさん	Bさん	Cさん	Dさん	Eさん
得点	80	68	70	79	b
平均点とのちがい	＋5	−7	a	＋4	＋3

(1) 5人の得点の平均点を求めなさい。

(　　　　　　)

(2) 表のaにあてはまる数を求めなさい。

(　　　　　　)

(3) 表のbにあてはまる数を求めなさい。

(　　　　　　)

❷ 次の表は，5人の生徒の身長を表したものです。あとの問いに答えなさい。

	Aさん	Bさん	Cさん	Dさん	Eさん
身長(cm)	155	152	153	151	159

(1) 150cmを基準としたときのそれぞれの身長と基準とのちがいを利用して，5人の身長の平均を求めなさい。

(　　　　　　)

(2) 155cmを基準としたときのそれぞれの身長と基準とのちがいを利用して，5人の身長の平均を求めなさい。

(　　　　　　)

ヒント

❶(1)Aさんの得点と平均点とのちがいで考えるとよい。
(2)(3)**平均点と比べて，得点が高いか低いかをはじめに考える**とよい。

❷ どの高さを基準としても答えは同じになるが，計算のしやすさが異なる。自分で基準を決める場合は，**なるべく計算しやすい値**(あたい)にするとよい。

❸ 次の表は，5人の生徒の通学時間と，それぞれの通学時間と平均とのちがいを表したものです。ただし，それぞれの通学時間が平均より長い場合は正の数，短い場合は負の数で表しています。あとの問いに答えなさい。

	Aさん	Bさん	Cさん	Dさん	Eさん
通学時間(分)	10	18	b	21	18
平均とのちがい(分)	a	＋2	−3	＋5	＋2

(1) 5人の通学時間の平均を求めなさい。

(　　　　　　)

(2) 表のaにあてはまる数を求めなさい。

(　　　　　　)

(3) 表のbにあてはまる数を求めなさい。

(　　　　　　)

❹ 次の表は，ある店の月曜日から金曜日までのお客の人数を表したものです。あとの問いに答えなさい。

	月	火	水	木	金
人数(人)	194	207	183	197	204

(1) 190人を基準としたときのそれぞれの人数と基準とのちがいを利用して，5日間の人数の平均を求めなさい。

(　　　　　　)

(2) 200人を基準としたときのそれぞれの人数と基準とのちがいを利用して，5日間の人数の平均を求めなさい。

(　　　　　　)

らくらく
マルつけ

Ea-15

まとめのテスト❶

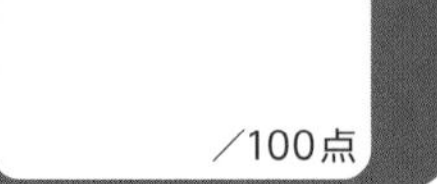

答えと解き方➡別冊p.12

❶ 次の数の大小を，不等号を使って表しなさい。［4点×4＝16点］

(1) $2,\ -2,\ -1.7$

(　　　　　　　　　　)

(2) $0.4,\ -0.3,\ 0.7$

(　　　　　　　　　　)

(3) $1.5,\ 0,\ \frac{4}{3}$

(　　　　　　　　　　)

(4) $-1,\ -1.3,\ -\frac{2}{3}$

(　　　　　　　　　　)

❷ 次の数について，あとの問いに答えなさい。［5点×2＝10点］

$3,\ -10.4,\ 12,\ -\frac{2}{5},\ -7,\ 0.8$

(1) 自然数（しぜんすう）をすべて選びなさい。　(　　　　　　)

(2) 絶対値（ぜったいち）が大きい順に並べなさい。

(　　　　　　　　　　)

❸ 次の計算をしなさい。［5点×5＝25点］

(1) $(+15)-(-2)+5-6$

(　　　　　)

(2) $-3.4+0.6-1.5$

(　　　　　)

(3) $5.7-(-2.5)-3.2$

(　　　　　)

(4) $\frac{5}{8}-\frac{3}{2}-\left(-\frac{1}{4}\right)$

(　　　　　)

(5) $-\frac{5}{6}-\left(-\frac{1}{12}\right)+\frac{3}{8}$

(　　　　　)

4 次の計算をしなさい。[5点×3=15点]

(1) $-3\times(-4)\div(-2)\times5$

(　　　　　　)

(2) $\dfrac{3}{4}\times\left(-\dfrac{3}{5}\right)\div\left(-\dfrac{5}{12}\right)$

(　　　　　　)

(3) $4^2\div(-2)^3\times3^2$

(　　　　　　)

5 次の計算をしなさい。[6点×3=18点]

(1) $4\times(-2)+(-5)\times(-11)$

(　　　　　　)

(2) $(-13+7)\div(-2)\times(-3+8)$

(　　　　　　)

(3) $-3\times\left(-\dfrac{1}{4}\right)-\left(-\dfrac{5}{8}\right)$

(　　　　　　)

6 次の数を素因数分解(そいんすうぶんかい)しなさい。[5点×2=10点]

(1) 84

(　　　　　　　　　　)

(2) 330

(　　　　　　　　　　)

7 5人の生徒が3教科のテストを受けたところ，得点の合計は次のようになりました。5人の合計得点の平均を求めなさい。[6点]

238点，245点，242点，248点，232点

(　　　　　　　)

らくらく
マルつけ

Ea-16

文字の使用

答えと解き方➡別冊p.12

❶ 次のア～オについて，あとの問いに答えなさい。

ア　1本80円のボールペンをx本買うときの代金

イ　120円の消しゴム1個をy円出して買うときのおつり

ウ　1辺の長さがa cmである正方形の面積

エ　ある市の2月の平均気温がt℃であり，3月はそれより2℃高いときの，3月の平均気温

オ　xLのジュースを5人に同じ量ずつ分けるときの1人あたりの量

(1)　**ア～オを，文字を使った式で表しなさい。**

ア（　　　　　　　　）

イ（　　　　　　　　）

ウ（　　　　　　　　）

エ（　　　　　　　　）

オ（　　　　　　　　）

(2)　**ア～オで，文字が0または自然数（しぜんすう）を表すものをすべて選びなさい。**

（　　　　　　　　）

(3)　**ア～オで，文字が負の数を表すことがあるものをすべて選びなさい。**

（　　　　　　　　）

(4)　**ア～オで，文字が小数を表すことがあるものをすべて選びなさい。**

（　　　　　　　　）

ヒント

❶(1)迷ったときは，**文字に具体的な数をあてはめて考えるとよい。**

(2)文字にあてはまる数が0，1，2，3，…にしかならないものを選ぶ。

(3)(4)文字にあてはまる数がどのような数をとりうるか考える。

2 **次のア〜オについて，あとの問いに答えなさい。**

ア　家から1200 m はなれた駅まで x m 歩いたときの残りの道のり

イ　4人それぞれにクッキーを y 枚ずつ配るときに必要な枚数

ウ　1辺の長さが a cm である正方形の周の長さ

エ　x m のテープを10人に同じ長さずつ分けるときの1人あたりの長さ

オ　t℃の物体を温めて，温度が10℃上がったときの物体の温度

(1)　ア〜オを，文字を使った式で表しなさい。

ア（　　　　　　　　）

イ（　　　　　　　　）

ウ（　　　　　　　　）

エ（　　　　　　　　）

オ（　　　　　　　　）

(2)　ア〜オで，文字が0または自然数を表すものをすべて選びなさい。

（　　　　　　　　）

(3)　ア〜オで，文字が負の数を表すことがあるものをすべて選びなさい。

（　　　　　　　　）

(4)　ア〜オで，文字が小数を表すことがあるものをすべて選びなさい。

（　　　　　　　　）

3 **ノート1冊が a 円，ボールペン1本が b 円であるとき，次の数量を文字を使った式で表しなさい。**

(1)　ノート2冊とボールペン3本を買うときの代金

（　　　　　　　　）

(2)　ノート4冊を c 円出して買うときのおつり

（　　　　　　　　）

らくらく
マルつけ

Ea-17

積の表し方

答えと解き方➡別冊p.13

❶ 次の式を，例のように文字式の表し方にしたがって表しなさい。

例：$a\times b=ab$，$c\times 3=3c$，$1\times d=d$，$e\times(-3)=-3e$

(1) $x\times y$

(　　　　　　)

(2) $a\times 6$

(　　　　　　)

(3) $(x-4)\times 3$

(　　　　　　)

(4) $a\times 8\times b\times c$

(　　　　　　)

(5) $y\times\dfrac{3}{2}$

(　　　　　　)

(6) $\left(-\dfrac{3}{4}\right)\times x$

(　　　　　　)

(7) $a\times 1$

(　　　　　　)

(8) $b\times(-1.3)$

(　　　　　　)

(9) $a\times(-4)\times b$

(　　　　　　)

ヒント

❶積を文字式で表すとき，×の記号は省略する。
また，数は文字の前に書く。
数が負の数や，小数，分数であっても同様である。
(3)数は，かっこの式の前に書く。
(7)文字の前の1は省略する。

2 次の式を，例のように文字式の表し方にしたがって表しなさい。

例：$a\times b=ab$，$c\times 3=3c$，$1\times d=d$，$e\times(-3)=-3e$

(1) $x\times 12$

(　　　　　　)

(2) $b\times 0.6$

(　　　　　　)

(3) $(x+y)\times 9$

(　　　　　　)

(4) $x\times\frac{4}{5}\times y$

(　　　　　　)

(5) $(a-b)\times(-4)$

(　　　　　　)

(6) $x\times(-3)\times y$

(　　　　　　)

(7) $a\times 9\times x$

(　　　　　　)

(8) $b\times(-1)$

(　　　　　　)

(9) $(-2.5)\times c$

(　　　　　　)

(10) $y\times\left(-\frac{2}{5}\right)$

(　　　　　　)

(11) $x\times(-7)\times y$

(　　　　　　)

(12) $x\times a\times\left(-\frac{3}{10}\right)$

(　　　　　　)

(13) $a\times b\times(-3.6)$

(　　　　　　)

(14) $y\times\left(-\frac{2}{9}\right)\times x$

(　　　　　　)

らくらく
＼マルつけ／

Ea-18

Ei-19

累乗の表し方，商の表し方

答えと解き方➡別冊p.13

❶ 次の式を，例のように文字式の表し方にしたがって表しなさい。

例：$a\times a=a^2$，$b\times 3\times c\times c=3bc^2$

(1) $x\times x\times x$

（　　　　　）

(2) $a\times 9\times a$

（　　　　　）

(3) $x\times y\times 4\times x$

（　　　　　）

(4) $a\times b\times b\times 7\times a$

（　　　　　）

❷ 次の式を，例のように文字式の表し方にしたがって表しなさい。

例：$a\div 2=\dfrac{a}{2}$，$3b\div 2=\dfrac{3b}{2}$，$(c+1)\div 2=\dfrac{c+1}{2}$，$d\div(-2)=-\dfrac{d}{2}$

(1) $x\div 7$

（　　　　　）

(2) $5a\div 4$

（　　　　　）

(3) $(x-3)\div 8$

（　　　　　）

(4) $a\div(-5)$

（　　　　　）

ヒント

❶同じ文字どうしの積は，累乗(るいじょう)の指数(しすう)を使って表す。数は文字の前に書く。

❷商を文字式で表すとき，÷の記号は使わない。
(3)かっこの式が分子になるときは，かっこは省略してよい。
(4)－の符号(ふごう)はふつう分母に書かずに分数の前に書く。

3 次の式を，例のように文字式の表し方にしたがって表しなさい。

例：$a\times a=a^2$，$b\times 3\times c\times c=3bc^2$

(1) $x\times 5\times x$

(　　　　　　)

(2) $a\times b\times 10\times a$

(　　　　　　)

(3) $3\times a\times b\times b$

(　　　　　　)

(4) $x\times y\times 2\times x\times y\times y$

(　　　　　　)

4 次の式を，例のように文字式の表し方にしたがって表しなさい。

例：$a\div 2=\dfrac{a}{2}$，$3b\div 2=\dfrac{3b}{2}$，$(c+1)\div 2=\dfrac{c+1}{2}$，$d\div(-2)=-\dfrac{d}{2}$

(1) $b\div 12$

(　　　　　　)

(2) $8y\div 3$

(　　　　　　)

(3) $(x+8)\div 5$

(　　　　　　)

(4) $a\div(-9)$

(　　　　　　)

(5) $(x-y)\div 3$

(　　　　　　)

(6) $4x\div(-7)$

(　　　　　　)

(7) $(a+3)\div 9$

(　　　　　　)

(8) $-5x\div 4$

(　　　　　　)

らくらく
マルつけ

Ea-19

複雑な式の表し方と文字式の意味

答えと解き方➡別冊p.13

❶ 次の式を，例のように文字式の表し方にしたがって表しなさい。

例：$a\times2+b\div2=2a+\frac{b}{2}$

(1) $a\times(-3)+6\times b$

(　　　　　　　　　　　　)

(2) $x\div4-y\times y$

(　　　　　　　　　　　　)

(3) $(x+2)\div5-3\times y$

(　　　　　　　　　　　　)

(4) $(a+2)\times4+(b-2)\div3$

(　　　　　　　　　　　　)

❷ 次の式を，×や÷の記号を使って表しなさい。

(1) $3x$

(　　　　　　　　　　　　)

(2) $\frac{a}{10}$

(　　　　　　　　　　　　)

(3) $-3a^2b$

(　　　　　　　　　　　　)

(4) $\frac{x-y}{5}$

(　　　　　　　　　　　　)

ヒント

❶ 積や商はこれまでと同じように文字式の表し方にしたがって表す。＋や－の記号は省略しない。

❷ 省略されている×や÷の記号を使って式を表す。
(4)分子の式にかっこをつけ忘れないように注意する。

❸ 次の式を，例のように文字式の表し方にしたがって表しなさい。

例：$a \times 2 + b \div 2 = 2a + \dfrac{b}{2}$

(1)　$50 - a \times 10$

（　　　　　　　　　　）

(2)　$a \times 0.5 - b \times c$

（　　　　　　　　　　）

(3)　$x \div (-6) + y \times (-7)$

（　　　　　　　　　　）

(4)　$y \times 4 - (x - 5) \div 6$

（　　　　　　　　　　）

(5)　$(a + 5) \div 100 + (b + 3) \times (-10)$

（　　　　　　　　　　）

❹ 次の式を，×や÷の記号を使って表しなさい。

(1)　$1.8a$

（　　　　　　　　　　）

(2)　$\dfrac{5x}{16}$

（　　　　　　　　　　）

(3)　$5ab^3$

（　　　　　　　　　　）

(4)　$\dfrac{1}{8}(2x + y)$

（　　　　　　　　　　）

(5)　$2a - b^2$

（　　　　　　　　　　）

らくらく
マルつけ

Ea-20

数量の表し方❶

答えと解き方➡別冊p.14

❶ 次の数量を，〔　〕の単位で表しなさい。

(1)　a km〔m〕

(　　　　　　　　　　)

(2)　x 分〔時間〕

(　　　　　　　　　　)

❷ 次の数量を，文字式で表しなさい。

(1)　x 円の7割の金額

(　　　　　　　　　　)

(2)　a 円の9%の金額

(　　　　　　　　　　)

(3)　y 円の3%引きの金額

(　　　　　　　　　　)

(4)　分速 a m で15分進んだ道のり

(　　　　　　　　　　)

(5)　x km の道のりを時速40km で進むのにかかる時間

(　　　　　　　　　　)

(6)　a m の道のりを12秒で進んだときの速さ

(　　　　　　　　　　)

ヒント

❶ (1) 1km = 1000m
(2) 1時間 = 60分であるから，
1分 = $\frac{1}{60}$ 時間

❷ (1) 1割 = $\frac{1}{10}$
(2)(3) 1% = $\frac{1}{100}$
(4) (道のり) = (速さ) × (時間)
(5) (時間) = (道のり) ÷ (速さ)
(6) (速さ) = (道のり) ÷ (時間)

❸ 次の数量を，〔　〕の単位で表しなさい。

(1)　a g〔kg〕

(　　　　　　　　)

(2)　x時間〔分〕

(　　　　　　　　)

(3)　a cm〔m〕

(　　　　　　　　)

❹ 次の数量を，文字式で表しなさい。

(1)　x円の13％の金額

(　　　　　　　　)

(2)　a円の3割の金額

(　　　　　　　　)

(3)　y円の1割引きの金額

(　　　　　　　　)

(4)　時速4kmでa時間進んだ道のり

(　　　　　　　　)

(5)　90 mの道のりを秒速x mで進むのにかかる時間

(　　　　　　　　)

(6)　a mの道のりを25分で進んだときの速さ

(　　　　　　　　)

らくらく
マルつけ

Ea-21

数量の表し方❷

答えと解き方➡別冊p.14

❶ 次の数量を，文字式で表しなさい。ただし，円周率はπとします。

(1) 1辺の長さがa cmである正方形の面積

( )

(2) 縦の長さがx cm，横の長さがy cmである長方形の面積

( )

(3) 半径r cmの円の周の長さ

( )

(4) 面積が10cm^2，横の長さがx cmである長方形の縦の長さ

( )

(5) 底辺の長さがa cm，高さがb cmである平行四辺形の面積

( )

❷ 次の数を，文字式で表しなさい。

(1) 十の位が1で一の位がaである2けたの自然数(しぜんすう)

( )

(2) 十の位がxで一の位が4である2けたの自然数

( )

(3) 十の位がaで一の位がbである2けたの自然数

( )

ヒント

❶ (1)(正方形の面積)＝(1辺の長さ)×(1辺の長さ)
(2)(長方形の面積)＝(縦の長さ)×(横の長さ)
(3)(円周)＝(半径×2)×(円周率)
(4)(長方形の縦の長さ)＝(面積)÷(横の長さ)
(5)(平行四辺形の面積)＝(底辺の長さ)×(高さ)

❷ 十の位の数が○，一の位の数が△の2けたの数は**10×○＋△**と表すことができます。
(1) $10\times1+1\times a$
(2) $10\times x+1\times4$
(3) $10\times a+1\times b$

❸ 次の数量を，文字式で表しなさい。ただし，円周率はπとします。

(1) 1辺の長さがa cmである正方形の周の長さ

(　　　　　　)

(2) 縦の長さがx cm，横の長さが5cmである長方形の面積

(　　　　　　)

(3) 半径r cmの円の面積

(　　　　　　)

(4) 面積が15cm^2，高さがa cmである平行四辺形の底辺の長さ

(　　　　　　)

(5) 底辺の長さがa cm，高さがb cmである三角形の面積

(　　　　　　)

(6) 縦の長さがa cm，横の長さが縦の長さの2倍である長方形の面積

(　　　　　　)

❹ 次の数を，文字式で表しなさい。

(1) 十の位の数がaで一の位の数が9である2けたの自然数

(　　　　　　)

(2) 十の位の数が7で一の位の数がxである2けたの自然数

(　　　　　　)

(3) 十の位の数がaで一の位の数が0である2けたの自然数

(　　　　　　)

(4) 十の位の数がxで一の位の数がyである2けたの自然数

(　　　　　　)

らくらく
マルつけ
Ea-22

代入と式の値

答えと解き方➡別冊p.15

❶ $x=2$のとき，次の式の値を求めなさい。

(1) $3x+4$

（　　　　　）

(2) $5-4x$

（　　　　　）

(3) $\dfrac{5}{x}$

（　　　　　）

(4) x^2

（　　　　　）

❷ $x=3$，$y=-1$のとき，次の式の値を求めなさい。

(1) $2x-y$

（　　　　　）

(2) $-2x+4y$

（　　　　　）

(3) x^2-3y

（　　　　　）

(4) $-\dfrac{9}{x}+2y$

（　　　　　）

ヒント

❶ xに2を代入する。

(1) $3x+4=3\times2+4$

(2) $5-4x=5-4\times2$

(4) $x^2=2^2$

❷ xに3，yに-1を代入します。

(1) $2x-y$
$=2\times3-(-1)$

(2) $-2x+4y$
$=-2\times3+4\times(-1)$

(3) x^2-3y
$=3^2-3\times(-1)$

(4) $-\dfrac{9}{x}+2y$
$=-\dfrac{9}{3}+2\times(-1)$

❸ $a=-4$ のとき，次の式の値を求めなさい。

(1) $2a-12$

(　　　　　　)

(2) $-5-3a$

(　　　　　　)

(3) $\dfrac{1}{a}$

(　　　　　　)

(4) $-a^2$

(　　　　　　)

(5) $3a^2$

(　　　　　　)

❹ $a=-2$，$b=5$ のとき，次の式の値を求めなさい。

(1) $4a+b$

(　　　　　　)

(2) $-5a-3b$

(　　　　　　)

(3) $2a+b^2$

(　　　　　　)

(4) $6a-\dfrac{b}{5}$

(　　　　　　)

らくらく
＼マルつけ／

Ea-23

項と係数

答えと解き方➡別冊p.15

❶ 次の式の，x の係数(けいすう)を答えなさい。

(1) $4x+1$　(　　　　)

(2) $15-2x$　(　　　　)

(3) $3x-10y$　(　　　　)

(4) $\dfrac{x}{10}+\dfrac{y}{5}$　(　　　　)

❷ 次の計算をしなさい。

(1) $2a+5a$　(　　　　)

(2) $10x-4x$　(　　　　)

(3) $-5a+9a$　(　　　　)

(4) $4x-6x+3$　(　　　　)

(5) $-3a+4+6a-2$　(　　　　)

(6) $9a-5-8a+6$　(　　　　)

(7) $-2x-7-5x-2$　(　　　　)

ヒント

❶ xをふくむ項(こう)に着目する。

(1)xをふくむ項は$4x$

(2)xをふくむ項は$-2x$

(3)xをふくむ項は$3x$

(4)xをふくむ項は$\dfrac{x}{10}$

❷ 文字の部分が同じ項どうし，数の項どうしをまとめる。

(1)$2a+5a=(2+5)a$

(2)$10x-4x=(10-4)x$

(3)$-5a+9a$
$=(-5+9)a$

(4)$4x-6x+3$
$=(4-6)x+3$

(5)$-3a+4+6a-2$
$=(-3+6)a+4-2$

(6)$9a-5-8a+6$
$=(9-8)a-5+6$

(7)$-2x-7-5x-2$
$=(-2-5)x-7-2$

3 次の式の，aの係数を答えなさい。

(1) $12a-3$

(　　　　　)

(2) $4-4a$

(　　　　　)

(3) $-9a-3b$

(　　　　　)

(4) $-\frac{a}{5}+\frac{b}{2}$

(　　　　　)

4 次の計算をしなさい。

(1) $-3a-8a$

(　　　　　)

(2) $6x-8x$

(　　　　　)

(3) $-12a+11a$

(　　　　　)

(4) $3x+2x-5$

(　　　　　)

(5) $4a-8-6a-3$

(　　　　　)

(6) $-5a-3-2a+9$

(　　　　　)

(7) $5x-4-7-8x$

(　　　　　)

(8) $3x-4x+7x$

(　　　　　)

らくらく
マルつけ

Ea-24

1次式の加法・減法

答えと解き方➡別冊p.16

❶ 次の計算をしなさい。

(1) $(2x+3)+(4x+1)$

(　　　　　　　　　　)

(2) $(4a+2)+(2a-9)$

(　　　　　　　　　　)

(3) $(8x-6)+(-3x+4)$

(　　　　　　　　　　)

(4) $(-3a-4)+(4a-4)$

(　　　　　　　　　　)

(5) $(-8x+3)+(5x-2)$

(　　　　　　　　　　)

❷ 次の計算をしなさい。

(1) $(7x+5)-(3x+3)$

(　　　　　　　　　　)

(2) $(4a-5)-(2a+1)$

(　　　　　　　　　　)

(3) $(-6x+8)-(2x-2)$

(　　　　　　　　　　)

(4) $(5a+9)-(-2a+11)$

(　　　　　　　　　　)

(5) $(-4x+3)-(-3x-6)$

(　　　　　　　　　　)

ヒント

❶ 2つの式の加法(かほう)である。

(1) $(2x+3)+(4x+1)$
$=2x+3+4x+1$

(2) $(4a+2)+(2a-9)$
$=4a+2+2a-9$

(3) $(8x-6)+(-3x+4)$
$=8x-6-3x+4$

(4) $(-3a-4)+(4a-4)$
$=-3a-4+4a-4$

(5) $(-8x+3)+(5x-2)$
$=-8x+3+5x-2$

❷ 2つの式の減法(げんぽう)である。

(1) $(7x+5)-(3x+3)$
$=7x+5-3x-3$

(2) $(4a-5)-(2a+1)$
$=4a-5-2a-1$

(3) $(-6x+8)-(2x-2)$
$=-6x+8-2x+2$

(4) $(5a+9)-(-2a+11)$
$=5a+9+2a-11$

(5) $(-4x+3)-(-3x-6)$
$=-4x+3+3x+6$

❸ 次の計算をしなさい。

(1) $(-3x+1)+(6x-2)$

(　　　　　　　　)

(2) $(4x+2)+(6x+4)$

(　　　　　　　　)

(3) $(-6a-3)+(a-5)$

(　　　　　　　　)

(4) $(6a+5)+(3a-5)$

(　　　　　　　　)

(5) $(7x-2)+(-4x+3)$

(　　　　　　　　)

(6) $(-5a-7)+(2a+5)$

(　　　　　　　　)

❹ 次の計算をしなさい。

(1) $(5a+7)-(-11a+6)$

(　　　　　　　　)

(2) $(4x+3)-(5x+3)$

(　　　　　　　　)

(3) $(-3x+4)-(6x-3)$

(　　　　　　　　)

(4) $(5a-3)-(a+7)$

(　　　　　　　　)

(5) $(-3x+6)-(-7x-5)$

(　　　　　　　　)

(6) $(4a+3)-(-5a-6)$

(　　　　　　　　)

らくらく
マルつけ

Ea-25

1次式と数の乗法・除法

答えと解き方➡別冊p.17

❶ 次の計算をしなさい。

(1) $3x\times2$

(　　　　　　　　)

(2) $(-5a)\times4$

(　　　　　　　　)

(3) $\frac{1}{4}a\times8$

(　　　　　　　　)

(4) $(-9)\times4x$

(　　　　　　　　)

❷ 次の計算をしなさい。

(1) $10x\div2$

(　　　　　　　　)

(2) $\frac{2}{7}x\div6$

(　　　　　　　　)

(3) $\frac{4}{3}a\div\left(-\frac{5}{3}\right)$

(　　　　　　　　)

❸ 次の計算をしなさい。

(1) $2(3x+4)$

(　　　　　　　　)

(2) $(4a-1)\times(-3)$

(　　　　　　　　)

ヒント

❶ 数の部分をかける。
(1) $3x\times2=3\times x\times2$
(2) $(-5a)\times4$
$=(-5)\times a\times4$
(3) $\frac{1}{4}a\times8$
$=\frac{1}{4}\times a\times8$
(4) $(-9)\times4x$
$=(-9)\times4\times x$

❷ わる数の逆数(ぎゃくすう)をかける。
(1) $10x\div2=10x\times\frac{1}{2}$
(2) $\frac{2}{7}x\div6=\frac{2}{7}x\times\frac{1}{6}$
(3) $\frac{4}{3}a\div\left(-\frac{5}{3}\right)$
$=\frac{4}{3}a\times\left(-\frac{3}{5}\right)$

❸ 分配法則(ぶんぱいほうそく)を使って計算する。
(1) $2(3x+4)$
$=2\times3x+2\times4$
(2) $(4a-1)\times(-3)=$
$4a\times(-3)+(-1)\times(-3)$

❹ 次の計算をしなさい。

(1) $2x\times(-4)$

(　　　　　　)

(2) $(-a)\times9$

(　　　　　　)

(3) $12a\times\frac{1}{3}$

(　　　　　　)

(4) $-3\times6x$

(　　　　　　)

❺ 次の計算をしなさい。

(1) $14x\div7$

(　　　　　　)

(2) $16a\div(-4)$

(　　　　　　)

(3) $\frac{12}{5}x\div4$

(　　　　　　)

(4) $\frac{5}{2}a\div\frac{3}{4}$

(　　　　　　)

❻ 次の計算をしなさい。

(1) $-3(6x+2)$

(　　　　　　)

(2) $\frac{1}{3}(9a-15)$

(　　　　　　)

らくらく
＼マルつけ／

Ea-26

複雑な１次式の計算

答えと解き方➡別冊p.17

❶ 次の計算をしなさい。

(1) $\dfrac{3x+1}{2}\times4$

(　　　　　　　　　)

(2) $8\times\dfrac{2a-5}{4}$

(　　　　　　　　　)

(3) $\dfrac{4x-3}{6}\times(-12)$

(　　　　　　　　　)

(4) $(-6)\times\dfrac{a+6}{2}$

(　　　　　　　　　)

❷ 次の計算をしなさい。

(1) $3(3x+2)+5(x+1)$

(　　　　　　　　　)

(2) $4(3a+2)-3(2a+1)$

(　　　　　　　　　)

(3) $5(4x+2)-3(5x-2)$

(　　　　　　　　　)

(4) $7(2a-6)+4(3a-3)$

(　　　　　　　　　)

ヒント

❶ 1次式と数の乗法（じょうほう）になおして計算する。

(1) $\dfrac{3x+1}{2}\times4$
$=(3x+1)\times2$

(2) $8\times\dfrac{2a-5}{4}$
$=2\times(2a-5)$

(3) $\dfrac{4x-3}{6}\times(-12)$
$=(4x-3)\times(-2)$

(4) $(-6)\times\dfrac{a+6}{2}$
$=(-3)\times(a+6)$

❷ かっこをはずし，文字の部分が同じ項をまとめる。

(1) $3(3x+2)+5(x+1)$
$=9x+6+5x+5$

(2) $4(3a+2)-3(2a+1)$
$=12a+8-6a-3$

(3) $5(4x+2)-3(5x-2)$
$=20x+10-15x+6$

(4) $7(2a-6)+4(3a-3)$
$=14a-42+12a-12$

❸ 次の計算をしなさい。

(1) $\frac{5x+2}{3}\times 6$

(　　　　　　　　)

(2) $6\times\frac{a-9}{2}$

(　　　　　　　　)

(3) $\frac{2x-6}{5}\times(-20)$

(　　　　　　　　)

(4) $(-9)\times\frac{2a-5}{3}$

(　　　　　　　　)

❹ 次の計算をしなさい。

(1) $6(x+3)+3(2x+3)$

(　　　　　　　　)

(2) $3(7a-4)-2(2a+6)$

(　　　　　　　　)

(3) $4(5x+8)-2(7x-3)$

(　　　　　　　　)

(4) $5(3a-5)+4(2a-5)$

(　　　　　　　　)

(5) $2(6x-9)-5(3x-4)$

(　　　　　　　　)

らくらく
マルつけ

Ea-27

関係を表す式

答えと解き方➡別冊p.18

❶ nが整数のとき，次の式から，あとの数を表しているものを選びなさい。

n，$n+1$，$n+2$，$2n$，$2n+1$，$3n$，$3n+1$

⑴ 偶数（ぐうすう） （　　　　　）

⑵ 奇数（きすう） （　　　　　）

⑶ 3の倍数 （　　　　　）

❷ nが整数のとき，次の数を答えなさい。

⑴ nより1だけ大きい数 （　　　　　）

⑵ $2n$の次に大きい偶数 （　　　　　）

⑶ $2n+1$の次に小さい奇数 （　　　　　）

❸ 次の数の関係を，不等式を使って表しなさい。

⑴ aはbより大きい。 （　　　　　）

⑵ aはb以下である。 （　　　　　）

❹ 次の数量の関係を，等式または不等式を使って表しなさい。

⑴ aに1をたすと，b以上になる。

（　　　　　）

⑵ nを5倍すると，mより2だけ大きい。

（　　　　　）

⑶ xからyをひくと，3より小さくなる。

（　　　　　）

⑷ 1枚x円のクッキー5枚とy円の箱を買うと，代金の合計は1000円以下だった。

（　　　　　）

ヒント

❶ nがどのような整数であっても，偶数や奇数になるものを選ぶ。

❷ ⑵⑶2，4，6，…のように連続する偶数は2ずつ増えることに注意する。奇数の場合も同様である。

❸「より大きい」や，「より小さい」，「未満」を表すには＞や＜を使う。「以上」や「以下」を表すには≧や≦を使う。

❹ ⑴$a+1$がb以上であることを表す。
⑵$5n$と$m+2$が等しいことを表す。
⑶$x-y$が3より小さいことを表す。
⑷$5x$とyの和が1000以下であることを表す。

5 nが整数のとき，次の式から，あとの数を表しているものを選びなさい。

n，$n+1$，$n+2$，$2n$，$2n-1$，$3n$，$5n$，$7n$

(1) 奇数　（　　　）

(2) 5の倍数　（　　　）

(3) 7の倍数　（　　　）

6 nが整数のとき，次の数を答えなさい。

(1) nより2だけ小さい数　（　　　）

(2) $2n$の次に小さい偶数　（　　　）

(3) $2n+1$の次に大きい奇数　（　　　）

7 次の数の関係を，不等式を使って表しなさい。

(1) xはy以上である。　（　　　）

(2) xはy未満である。　（　　　）

8 次の数量の関係を，等式または不等式を使って表しなさい。

(1) aから2をひくと，bより小さくなる。

（　　　）

(2) nを4倍すると，mより3だけ小さい。

（　　　）

(3) xとyの和は，10以上である。

（　　　）

(4) 1枚x円のクッキー4枚と1個y円のプリン2個を買うと，代金の合計は900円より高かった。

（　　　）

(5) 1冊x円のノート3冊を買って，500円出したときのおつりは100円以下だった。

（　　　）

らくらく
マルつけ

Ea-28

まとめのテスト❷

答えと解き方➡別冊p.19

❶ 次の式を，×や÷の記号を使って表しなさい。 [5点×3＝15点]

(1) $\dfrac{x}{15}$

（　　　　　　　　　　）

(2) $-4a^2b^2$

（　　　　　　　　　　）

(3) $\dfrac{2x+y}{6}$

（　　　　　　　　　　）

❷ 次の数量を，文字式で表しなさい。 [5点×3＝15点]

(1) x円の17%引きの金額

（　　　　　　　　　　）

(2) a kmの道のりを時速45kmで進むのにかかる時間

（　　　　　　　　　　）

(3) 縦の長さがx cm，横の長さが縦の長さの$\dfrac{2}{3}$倍である長方形の面積

（　　　　　　　　　　）

❸ $x=4$，$y=-3$のとき，次の式の値を求めなさい。 [5点×4＝20点]

(1) $3x-2y$

（　　　　　　　　　　）

(2) $-6x+5y$

（　　　　　　　　　　）

(3) x^2-10y^2

（　　　　　　　　　　）

(4) $-\dfrac{12}{x}-5y$

（　　　　　　　　　　）

4 次の計算をしなさい。 [5点×6＝30点]

(1)　$-4a+5-3a+2$

(　　　　　　　　)

(2)　$(-7x+4)-(-4x-3)$

(　　　　　　　　)

(3)　$\frac{4}{5}x\div 8$

(　　　　　　　　)

(4)　$-\frac{1}{2}(6a-14)$

(　　　　　　　　)

(5)　$\frac{3x-8}{6}\times(-18)$

(　　　　　　　　)

(6)　$3(4x+7)-5(2x-4)$

(　　　　　　　　)

5 次の数量の関係を，等式または不等式を使って表しなさい。 [5点×4＝20点]

(1)　aに1をたして2倍すると，bより大きくなる。

(　　　　　　　　)

(2)　nの2乗(じょう)は，mより5だけ小さい。

(　　　　　　　　)

(3)　ある動物園の入園料は，おとな1人がa円，子ども1人がb円である。おとな4人と子ども5人の入園料の合計は5000円未満だった。

(　　　　　　　　)

(4)　長さx m のテープからy m のテープを6本切り取ると，残りの長さは4 m 以上だった。

(　　　　　　　　)

らくらく
マルつけ

Ea-29

方程式とその解

答えと解き方➡別冊p.19

❶ −1，1，2，3の中から，次の方程式(ほうていしき)の解(かい)を選びなさい。

(1) $2x+1=5$

(　　　　　)

(2) $4x-3=1$

(　　　　　)

(3) $5x+3=-2$

(　　　　　)

(4) $\frac{1}{3}x-2=-1$

(　　　　　)

❷ 次の方程式の中から，あとの数が解であるものを選びなさい。

$x+4=0$，$3x-2=7$，$7x+9=9$，$5x-2=3x$，$x-1=3(x+1)$

(1) 3

(　　　　　)

(2) 1

(　　　　　)

(3) 0

(　　　　　)

(4) -2

(　　　　　)

(5) -4

(　　　　　)

ヒント

❶ xに −1，1，2，3を代入(だいにゅう)して，左辺の値(あたい)と右辺の値が等しくなるような値を選ぶ。

❷ それぞれの数をxに代入して，左辺の値と右辺の値が等しくなる方程式を選ぶ。

3 -2，-1，0，1，2 の中から，次の方程式の解を選びなさい。

(1) $3x+4=1$

(　　　　　)

(2) $7x-11=3$

(　　　　　)

(3) $6x+7=-5$

(　　　　　)

(4) $\frac{2}{5}x=0$

(　　　　　)

(5) $6x-4=2$

(　　　　　)

4 次の方程式の中から，あとの数が解であるものを選びなさい。

$2x+8=2$，$4x-5=3$，$x+13=4$，$4x-10=2x$，$x+6=5(x+2)$

(1) 5

(　　　　　)

(2) -9

(　　　　　)

(3) -3

(　　　　　)

(4) 2

(　　　　　)

(5) -1

(　　　　　)

らくらく
マルつけ
Ea-30

等式の性質

答えと解き方➡別冊p.20

❶ 次の方程式を解きなさい。

(1) $x+2=5$

(　　　　　　　)

(2) $4+x=9$

(　　　　　　　)

(3) $x-3=7$

(　　　　　　　)

(4) $y-7=-9$

(　　　　　　　)

(5) $6x=30$

(　　　　　　　)

(6) $-4y=28$

(　　　　　　　)

(7) $\frac{1}{5}x=3$

(　　　　　　　)

(8) $\frac{3}{2}x=9$

(　　　　　　　)

ヒント

❶ $A=B$のときに成り立つ，以下のような等式の性質を利用して解く。

(1)(2) $A=B$ならば $A-C=B-C$

(3)(4) $A=B$ならば $A+C=B+C$

(5)(6) $A=B$ならば $\frac{A}{C}=\frac{B}{C}(C\neq 0)$

(7) $A=B$ならば $AC=BC$

(8) 両辺を$\frac{3}{2}$でわる，または両辺に$\frac{2}{3}$をかけると考える。

❷ 次の方程式を解きなさい。

(1) $x+6=2$

(　　　　　　　)

(2) $3+x=12$

(　　　　　　　)

(3) $x-5=3$

(　　　　　　　)

(4) $y-5=-2$

(　　　　　　　)

(5) $x-6=-2$

(　　　　　　　)

(6) $y+5=4$

(　　　　　　　)

(7) $7x=49$

(　　　　　　　)

(8) $-3y=-27$

(　　　　　　　)

(9) $-9x=54$

(　　　　　　　)

(10) $12y=-36$

(　　　　　　　)

(11) $21x=-7$

(　　　　　　　)

(12) $-24y=4$

(　　　　　　　)

(13) $\frac{1}{8}x=4$

(　　　　　　　)

(14) $\frac{5}{6}x=35$

(　　　　　　　)

らくらく
＼マルつけ／

Ea-31

移項して方程式を解く

答えと解き方➡別冊p.21

❶ 次の方程式(ほうていしき)を解(と)きなさい。

(1)　$3x=2x+5$

(　　　　　　　)

(2)　$6+2x=10$

(　　　　　　　)

(3)　$5x=3x-12$

(　　　　　　　)

(4)　$x=-2x-12$

(　　　　　　　)

(5)　$-3x=-2x-3$

(　　　　　　　)

(6)　$-4x-21=-5$

(　　　　　　　)

(7)　$5x+12=7$

(　　　　　　　)

(8)　$4x-7=-7$

(　　　　　　　)

ヒント

❶ 移項(いこう)や等式の性質を利用する。

(1)右辺の$2x$を左辺に移項する。

(2)左辺の6を右辺に移項して，両辺をxの係数(けいすう)2でわる。

(3)右辺の$3x$を左辺に移項して，両辺をxの係数2でわる。

(4)右辺の$-2x$を左辺に移項して，両辺をxの係数3でわる。

(5)右辺の$-2x$を左辺に移項して，両辺をxの係数-1でわる。

(6)左辺の-21を右辺に移項して，両辺をxの係数-4でわる。

(7)左辺の12を右辺に移項して，両辺をxの係数5でわる。

(8)左辺の-7を右辺に移項すると，右辺が0になるので，xの係数にかかわらず$x=0$である。

❷ 次の方程式を解きなさい。

(1) $4x=7x+9$

(　　　　　　　　　　)

(2) $5+7x=19$

(　　　　　　　　　　)

(3) $4x=x-21$

(　　　　　　　　　　)

(4) $4x=-3x+21$

(　　　　　　　　　　)

(5) $-2x=-3x+19$

(　　　　　　　　　　)

(6) $-3x+11=-4$

(　　　　　　　　　　)

(7) $9x+13=-14$

(　　　　　　　　　　)

(8) $3x-5=-2$

(　　　　　　　　　　)

(9) $-x=-8x-49$

(　　　　　　　　　　)

(10) $5x+3=23$

(　　　　　　　　　　)

(11) $-3x=-5x-6$

(　　　　　　　　　　)

(12) $2x=-x+15$

(　　　　　　　　　　)

(13) $-4x=7x+22$

(　　　　　　　　　　)

(14) $-6x-23=-5$

(　　　　　　　　　　)

らくらく
＼マルつけ／

Ea-32

方程式の解き方

答えと解き方➡別冊p.22

❶ 次の方程式を解きなさい。

(1) $4x+1=2x+3$

(　　　　　)

(2) $5+5x=2x-4$

(　　　　　)

(3) $x-2=3x-10$

(　　　　　)

(4) $4x-15=-2x+3$

(　　　　　)

(5) $13-6x=-3+2x$

(　　　　　)

(6) $9x+8=-7+4x$

(　　　　　)

(7) $5x+14=6x+10$

(　　　　　)

(8) $4+3x=6x-11$

(　　　　　)

ヒント

❶ 移項や等式の性質を利用する。

(1) $+1$を右辺に，$2x$を左辺に移項する。

(2) 5を右辺に，$2x$を左辺に移項する。

(3) -2を右辺に，$3x$を左辺に移項する。

(4) -15を右辺に，$-2x$を左辺に移項する。

(5) 13を右辺に，$2x$を左辺に移項する。

(6) 8を右辺に，$4x$を左辺に移項する。

(7) 14を右辺に，$6x$を左辺に移項する。

(8) 4を右辺に，$6x$を左辺に移項する。

❷ 次の方程式を解きなさい。

(1) $7x-2=4x+7$

(　　　　　　　)

(2) $4+7x=3x-4$

(　　　　　　　)

(3) $-2x-3=3x+12$

(　　　　　　　)

(4) $9x-7=-x+33$

(　　　　　　　)

(5) $13-5x=-8+2x$

(　　　　　　　)

(6) $11x-6=18+5x$

(　　　　　　　)

(7) $8x+5=10x+17$

(　　　　　　　)

(8) $5+4x=9x-15$

(　　　　　　　)

(9) $6x+5=-5x-17$

(　　　　　　　)

(10) $-3x-16=3x+14$

(　　　　　　　)

(11) $5-2x=-3+6x$

(　　　　　　　)

(12) $11x+5=-15+6x$

(　　　　　　　)

(13) $5x-16=12x+33$

(　　　　　　　)

(14) $8+3x=6x-1$

(　　　　　　　)

らくらく
＼マルつけ／

Ea-33

いろいろな方程式の解き方❶

答えと解き方➡別冊p.23

❶ 次の方程式(ほうていしき)を解(と)きなさい。

(1) $3(x+2)-x=10$

(　　　　　　　　)

(2) $3+4(x+2)=7$

(　　　　　　　　)

(3) $5x-2(x-2)=-8$

(　　　　　　　　)

(4) $5x+1=2(x+5)$

(　　　　　　　　)

(5) $7x-2(4-x)=10$

(　　　　　　　　)

(6) $5(x-4)-2x=4$

(　　　　　　　　)

(7) $x-5(4+x)=16$

(　　　　　　　　)

ヒント

❶かっこをふくむ方程式を解くときは，はじめにかっこをはずすとよい。
(3)(5)(7)かっこをはずすときの符号(ふごう)に注意する。

❷ 次の方程式を解きなさい。

(1) $4(x+1)-7x=13$

(　　　　　　　　)

(2) $1+7(x-3)=8$

(　　　　　　　　)

(3) $7x-2(x+4)=-18$

(　　　　　　　　)

(4) $4x-2=3(x+4)$

(　　　　　　　　)

(5) $10x+3(1-2x)=19$

(　　　　　　　　)

(6) $8(x-3)-3x=6$

(　　　　　　　　)

(7) $3x-4(5+4x)=-20$

(　　　　　　　　)

(8) $4x+5(1-2x)=-13$

(　　　　　　　　)

(9) $3x-2(1-2x)=26$

(　　　　　　　　)

(10) $5(x-3)-3x=11$

(　　　　　　　　)

(11) $2x-3(5-2x)=-23$

(　　　　　　　　)

(12) $7x-4=3(2+3x)$

(　　　　　　　　)

らくらく
＼マルつけ／

Ea-34

いろいろな方程式の解き方❷

答えと解き方➡別冊p.24

❶ 次の方程式を解きなさい。

(1) $0.5x-1.4=0.6$

(　　　　　　　　)

(2) $0.2x+1.2=1.8$

(　　　　　　　　)

(3) $-1.2x-2.1=0.3$

(　　　　　　　　)

(4) $0.1x=0.3x-1$

(　　　　　　　　)

(5) $1.1x=-0.2x-5.2$

(　　　　　　　　)

(6) $0.04x=-0.05x-0.81$

(　　　　　　　　)

(7) $0.03x+0.12=0.33$

(　　　　　　　　)

ヒント

❶ 係数に小数がふくまれるときは，両辺に10や100などをかけて係数を整数にするとよい。

(1)〜(5)両辺に10をかける。

(6)(7)両辺に100をかける。

❷ 次の方程式を解きなさい。

(1) $0.4x=0.2x+4.6$

(　　　　　　　　)

(2) $0.8x+1.2=5.2$

(　　　　　　　　)

(3) $0.3x=0.8x-3.5$

(　　　　　　　　)

(4) $0.8x=-0.1x-7.2$

(　　　　　　　　)

(5) $0.5x=0.2x+4.2$

(　　　　　　　　)

(6) $0.9x-3.8=2.5$

(　　　　　　　　)

(7) $-2.4x=0.3x+5.4$

(　　　　　　　　)

(8) $-0.04x+0.06=-0.22$

(　　　　　　　　)

(9) $0.15x+0.39=-0.36$

(　　　　　　　　)

(10) $0.06x-1.42=-0.1$

(　　　　　　　　)

(11) $0.12x-0.16=0.32$

(　　　　　　　　)

(12) $0.11x+0.3=-0.36$

(　　　　　　　　)

らくらく
マルつけ

Ea-35

いろいろな方程式の解き方③

答えと解き方➡別冊p.25

❶ 次の方程式を解きなさい。

(1) $\dfrac{1}{4}x+1=\dfrac{1}{3}x$

（　　　　　　　　）

(2) $\dfrac{2}{3}x-10=\dfrac{1}{9}x$

（　　　　　　　　）

(3) $\dfrac{3}{8}x-1=\dfrac{1}{2}x+3$

（　　　　　　　　）

(4) $\dfrac{1}{12}x-\dfrac{1}{6}=\dfrac{1}{8}x-\dfrac{1}{2}$

（　　　　　　　　）

(5) $\dfrac{5}{7}x=\dfrac{x+6}{2}$

（　　　　　　　　）

(6) $\dfrac{x-3}{2}=\dfrac{x+9}{6}$

（　　　　　　　　）

ヒント

❶ (1)両辺に4と3の最小公倍数である**12**をかける。
(2)両辺に3と9の最小公倍数である**9**をかける。
(3)両辺に8と2の最小公倍数である**8**をかける。
(4)両辺に12，6，8，2の最小公倍数である**24**をかける。
(5)両辺に**14**をかけると，右辺は$7(x+6)$となる。
(6)両辺に**6**をかけると，左辺は$3(x-3)$となる。

❷ 次の方程式を解きなさい。

(1) $\frac{1}{10}x-3=\frac{1}{4}x$

(　　　　　　　)

(2) $\frac{3}{4}x-10=\frac{1}{3}x$

(　　　　　　　)

(3) $\frac{3}{16}x-1=\frac{1}{8}x$

(　　　　　　　)

(4) $\frac{1}{4}x+7=\frac{5}{6}x$

(　　　　　　　)

(5) $\frac{6}{5}x-3=\frac{3}{2}x-6$

(　　　　　　　)

(6) $\frac{1}{6}x+\frac{4}{9}=\frac{1}{9}x+\frac{2}{3}$

(　　　　　　　)

(7) $\frac{x+1}{4}=\frac{5}{18}x$

(　　　　　　　)

(8) $\frac{x+6}{4}=\frac{x+3}{3}$

(　　　　　　　)

(9) $\frac{x-1}{2}=\frac{3x-5}{5}$

(　　　　　　　)

(10) $\frac{2x-4}{5}=\frac{x-5}{4}$

(　　　　　　　)

らくらく
＼マルつけ／

Ea-36

いろいろな方程式の解き方④

答えと解き方➡別冊p.26

❶ 次の方程式(ほうていしき)を解(と)きなさい。

(1) $\frac{1}{3}(x+2)=2$

(　　　　　　)

(2) $\frac{3}{4}(x-5)=6$

(　　　　　　)

(3) $\frac{3}{8}(x+6)=\frac{3}{2}$

(　　　　　　)

(4) $\frac{1}{6}(5x-1)=4$

(　　　　　　)

(5) $\frac{1}{8}(x+6)=x-8$

(　　　　　　)

(6) $\frac{2}{3}(x-1)=\frac{2}{5}(x+3)$

(　　　　　　)

ヒント

❶(1)両辺に3をかける。

(2)両辺に4をかけると，$3(x-5)=24$となる。ここで両辺を3でわると計算が簡単になる。

(3)両辺に8をかけると，$3(x+6)=12$となる。ここで両辺を3でわる。

(4)両辺に6をかけると，$5x-1=24$となる。

(5)両辺に8をかけると，$x+6=8(x-8)$となる。

(6)両辺に15をかけると，$10(x-1)=6(x+3)$となる。

❷ 次の方程式を解きなさい。

(1) $\frac{1}{2}(x+4)=-2$

(　　　　　　)

(2) $\frac{4}{3}(x-3)=8$

(　　　　　　)

(3) $\frac{5}{12}(x-4)=\frac{5}{6}$

(　　　　　　)

(4) $\frac{1}{7}(3x-5)=-2$

(　　　　　　)

(5) $\frac{3}{16}(x-3)=-\frac{3}{2}$

(　　　　　　)

(6) $-\frac{1}{3}(4x+1)=-3$

(　　　　　　)

(7) $\frac{1}{2}(x-2)=\frac{1}{3}(x+3)$

(　　　　　　)

(8) $\frac{1}{6}(x+7)=\frac{1}{8}(x+8)$

(　　　　　　)

(9) $\frac{3}{2}(x-2)=\frac{1}{4}(5x-4)$

(　　　　　　)

(10) $\frac{1}{5}(3x-7)=\frac{1}{2}(x-4)$

(　　　　　　)

らくらく
マルつけ

Ea-37

いろいろな方程式の解き方❺

答えと解き方➡別冊p.28

❶ 次の x についての方程式の解が3であるとき，a の値を求めなさい。

(1) $x+a=5$

(　　　　　　　　)

(2) $3x-a=3$

(　　　　　　　　)

(3) $4a+3x=-2x+7$

(　　　　　　　　)

❷ 次の x についての方程式の解が -1 であるとき，a の値を求めなさい。

(1) $x+3a=11$

(　　　　　　　　)

(2) $2a-7x=13$

(　　　　　　　　)

(3) $\dfrac{x+5}{2}=\dfrac{a+1}{3}$

(　　　　　　　　)

ヒント

❶ まず，方程式に $x=3$ を代入して文字が a だけの方程式にする。そのあと，a について方程式を解けばよい。

❷ まず，方程式に $x=-1$ を代入して文字が a だけの方程式にする。そのあと，a について方程式を解けばよい。

❸ 次のxについての方程式の解が4であるとき，aの値を求めなさい。

(1) $2x-3a=-1$

(　　　　　　　　　)

(2) $4x=4-3a$

(　　　　　　　　　)

(3) $0.4a=-0.3x+0.8$

(　　　　　　　　　)

(4) $\frac{1}{3}(x+11)=2a-1$

(　　　　　　　　　)

❹ 次のxについての方程式の解が-2であるとき，aの値を求めなさい。

(1) $4x+5a=-3$

(　　　　　　　　　)

(2) $3a+1=-4x+5$

(　　　　　　　　　)

(3) $\frac{a-5}{4}=\frac{x-8}{5}$

(　　　　　　　　　)

らくらく
マルつけ
Ea-38

1次方程式の利用❶

答えと解き方➡別冊p.28

❶ 現在，Aさんは10歳，Aさんの父は38歳です。次の問いに答えなさい。

(1) x年後のAさんの年齢を，xを使った式で表しなさい。

(　　　　　　　　)

(2) x年後のAさんの父の年齢を，xを使った式で表しなさい。

(　　　　　　　　)

(3) Aさんの父の年齢が，Aさんの年齢の3倍になるのは何年後か求めなさい。

(　　　　　　　　)

❷ 現在，BさんとBさんの母は年齢が30歳はなれています。5年後，Bさんの母の年齢は，Bさんの年齢の2倍になります。次の問いに答えなさい。

(1) 現在のBさんの年齢をx歳として，5年後のBさんの年齢を，xを使った式で表しなさい。

(　　　　　　　　)

(2) 現在のBさんの年齢をx歳として，5年後のBさんの母の年齢を，xを使った式で表しなさい。

(　　　　　　　　)

(3) 現在のBさんの年齢を求めなさい。

(　　　　　　　　)

ヒント

❶ (1)(2)現在の年齢にxをたす。
(3)**x年後の年齢の関係**から方程式をつくる。

❷ (1)現在の年齢xに5をたす。
(2)現在の母の年齢は，$x+30$(歳)である。
(3)**5年後の年齢の関係**から方程式をつくる。

3 現在，Cさんは11歳，Cさんの母は43歳です。Cさんの母の年齢が，Cさんの年齢の5倍であったのは何年前か求めなさい。

（　　　　　　　　）

4 現在，DさんとDさんの父は年齢が35歳はなれています。2年前，Dさんの父の年齢は，Dさんの年齢の6倍でした。現在のDさんの年齢を求めなさい。

（　　　　　　　　）

5 現在，Eさんは4歳，Eさんの兄は11歳です。Eさんの兄の年齢が，Eさんの年齢の2倍になるのは何年後か求めなさい。

（　　　　　　　　）

6 現在，FさんとFさんの姉は年齢が8歳はなれています。6年後，Fさんの姉の年齢は，Fさんの年齢の$\frac{3}{2}$倍になります。現在のFさんの年齢を求めなさい。

（　　　　　　　　）

らくらく
マルつけ

Ea-39

1次方程式の利用❷

答えと解き方➡別冊p.29

❶ 1個80円のチョコレートと1個200円のプリンを合わせて8個買うと，代金は1000円でした。次の問いに答えなさい。

(1) チョコレートをx個買ったとすると，プリンは何個買ったことになるか，xを使った式で表しなさい。

(　　　　　　　　)

(2) チョコレートを何個買ったか求めなさい。

(　　　　　　　　)

❷ ボールペン4本と200円のノートを買うと，代金は800円でした。ボールペン1本の値段を求めなさい。

(　　　　　　　　)

❸ 1個300円のケーキと1個250円のゼリーを合わせて5個買うと，代金は1400円でした。ケーキとゼリーをそれぞれ何個買ったか求めなさい。

ケーキ(　　　　　　　　)

ゼリー(　　　　　　　　)

ヒント

❶(1)チョコレートとプリンの個数の和が8個であることから求める。
(2)代金の関係から方程式をつくる。

❷ボールペン1本の値段をx円とすると代金は$4x+200$(円)。

❸買ったケーキの個数をx個とするとゼリーの個数は$5-x$(個)。

❹ りんご5個と100円の箱を買うと，代金は700円でした。りんご1個の値段を求めなさい。

(　　　　　　　　)

❺ 1枚10円の折り紙と1枚30円の画用紙を合わせて20枚買うと，代金は360円でした。折り紙と画用紙をそれぞれ何枚買ったか求めなさい。

折り紙(　　　　　　　　)

画用紙(　　　　　　　　)

❻ 1本70円のお茶と1本90円のジュースを合わせて10本買うと，代金は820円でした。お茶とジュースをそれぞれ何本買ったか求めなさい。

お茶(　　　　　　　　)

ジュース(　　　　　　　　)

❼ 1枚400円のタオルと1枚700円のハンカチを合わせて6枚買うと，代金は3000円でした。タオルとハンカチをそれぞれ何枚買ったか求めなさい。

タオル(　　　　　　　　)

ハンカチ(　　　　　　　　)

らくらく
マルつけ

Ea-40

1次方程式の利用③

答えと解き方➡別冊p.29

❶ 画用紙を何人かの生徒に配ります。1人に3枚ずつ配ると4枚たりず，1人に2枚ずつ配ると16枚余ります。次の問いに答えなさい。

(1) 生徒の人数をx人として，1人に3枚ずつ配ると4枚たりないことから，画用紙の枚数をxを使った式で表しなさい。

(　　　　　　　　)

(2) 生徒の人数をx人として，1人に2枚ずつ配ると16枚余ることから，画用紙の枚数をxを使った式で表しなさい。

(　　　　　　　　)

(3) 生徒の人数を求めなさい。

(　　　　　　　　)

(4) 画用紙の枚数を求めなさい。

(　　　　　　　　)

❷ Aさんは同じノートを何冊か買おうとしています。5冊買うと120円余り，6冊買うと60円たりません。ノート1冊の値段と持っている金額を求めなさい。

ノート1冊の値段(　　　　　　　　)

持っている金額(　　　　　　　　)

ヒント

❶(1)$3x$枚に4枚たりないことを式で表す。
(2)$2x$枚より16枚多いことを式で表す。
(3)画用紙の枚数を表す(1)と(2)の式から方程式(ほうていしき)をつくる。
(4)生徒の人数と(1)の式から求める。

❷ノート1冊の値段をx円として，金額の関係から方程式をつくる。

❸ 長いすが何脚(きゃく)かあり，それぞれの長いすに生徒が同じ人数ずつ座ります。1脚に7人ずつ座っていくと3人が座れず，1脚に8人ずつ座っていくと最後の1脚には5人が座ることになります。長いすの数と生徒の人数を求めなさい。

長いすの数（　　　　　　　　）

生徒の人数（　　　　　　　　）

❹ 何人かの生徒でお金を出し合って色紙を買おうとしています。1人140円ずつ出すと20円余り，1人130円ずつ出すと10円たりません。生徒の人数と色紙の値段を求めなさい。

生徒の人数（　　　　　　　　）

色紙の値段（　　　　　　　　）

❺ ペンをいくつかの班に配ります。1班に2本ずつ配ると3本余り，1班に3本ずつ配ると2本たりません。班の数とペンの本数を求めなさい。

班の数（　　　　　　　　）

ペンの本数（　　　　　　　　）

❻ Aさんは同じお茶を何本か買おうとしています。9本買うと60円たりず，8本買うと30円余ります。お茶1本の値段と持っている金額を求めなさい。

お茶1本の値段（　　　　　　　　）

持っている金額（　　　　　　　　）

らくらく
マルつけ

Ea-41

1次方程式の利用❹

Ei-42

答えと解き方➡別冊p.30

❶ **妹は家を出発して分速40mで公園へ向かいました。その5分後，姉は家を出発して妹と同じ道を通り分速60mで妹を追いかけました。次の問いに答えなさい。**

(1) 姉が出発してからx分後までに，姉が進んだ道のりを，xを使った式で表しなさい。

(　　　　　　　　　　)

(2) 姉が出発してからx分後までに，妹が進んだ道のりを，xを使った式で表しなさい。

(　　　　　　　　　　)

(3) 姉が妹に追いついたのは，姉が出発した何分後か求めなさい。

(　　　　　　　　　　)

(4) 姉が妹に追いついたのは，家から何mはなれた場所か求めなさい。

(　　　　　　　　　　)

❷ **弟は10時に家を出発して分速50mで駅へ向かいました。兄は10時6分に家を出発して自転車で弟と同じ道を通り分速200mで弟を追いかけました。兄が弟に追いついた時刻と，追いついた場所の家からの道のりを求めなさい。**

追いついた時刻(　　　　　　　　　　)

家からの道のり(　　　　　　　　　　)

ヒント

❶(1)姉は分速60mでx分進んでいる。
(2)妹は分速40mで$x+5$(分)進んでいる。
(3)x分後までに進んだ道のりを表す(1)と(2)の式から方程式をつくる。
(4)姉が妹に追いつくまでの時間と(1)の式から求める。

❷兄が出発してから弟に追いつくまでの時間をx分として，道のりの関係から方程式をつくる。

❸ 弟は家を出発して分速55 mで学校へ向かいました。その2分後，兄は家を出発して弟と同じ道を通り分速65 mで弟を追いかけました。兄が出発してから弟に追いつくまでの時間と，追いついた場所の家からの道のりを求めなさい。

追いつくまでの時間（　　　　　　　）

家からの道のり（　　　　　　　）

❹ Aさんは12時に家を出発して自転車に乗って分速180 mで図書館へ向かいました。Aさんの父は12時7分に家を出発して自動車でAさんと同じ道を分速600 mで進みました。父がAさんを追いこした時刻と，追いこした場所の家からの道のりを求めなさい。

追いこした時刻（　　　　　　　）

家からの道のり（　　　　　　　）

❺ 妹は家を出発して分速45 mで公園へ向かいました。その4分後，姉は家を出発して妹と同じ道を通り分速60 mで妹を追いかけました。姉が出発してから妹に追いつくまでの時間と，追いついた場所の家からの道のりを求めなさい。

追いつくまでの時間（　　　　　　　）

家からの道のり（　　　　　　　）

❻ 弟は11時に家を出発して分速60 mで駅へ向かいました。兄は11時8分に家を出発して自転車で弟と同じ道を通り分速220 mで弟を追いかけました。兄が弟に追いついた時刻と，追いついた場所の家からの道のりを求めなさい。

追いついた時刻（　　　　　　　）

家からの道のり（　　　　　　　）

らくらく
＼マルつけ／

Ea-42

1次方程式の利用⑤

Ei-43

答えと解き方➡別冊p.30

❶ ある商品に100円の利益を見込んで定価をつけました。この定価の2割引きを売り値とすると，売り値は800円になります。次の問いに答えなさい。

(1) この商品の原価をx円として，定価をxを使った式で表しなさい。

(　　　　　　　　　　)

(2) この商品の原価を求めなさい。

(　　　　　　　　　　)

❷ ある商品に原価の30%の利益を見込んで定価をつけました。この定価の50円引きを売り値とすると，売り値は600円になります。次の問いに答えなさい。

(1) この商品の原価をx円として，定価をxを使った式で表しなさい。

(　　　　　　　　　　)

(2) この商品の原価を求めなさい。

(　　　　　　　　　　)

❸ ある商品に120円の利益を見込んで定価をつけました。この定価の1割引きを売り値とすると，売り値は450円になります。この商品の原価を求めなさい。

(　　　　　　　　　　)

ヒント

❶ (1)原価（仕入れた値段）に，**利益となる金額を加えて**定価とする。
(2)定価の2割引きが800円になることから方程式（ほうていしき）をつくる。

❷ (1)原価に，**原価の30%を加えて**定価とする。
(2)定価の50円引きが600円になることから方程式をつくる。

❸ 原価に，**利益となる金額を加えて**定価とする。定価の1割引きが450円になることから方程式をつくる。

❹ ある商品に原価の2割の利益を見込んで定価をつけました。この定価の10%引きを売り値とすると，売り値は1080円になります。この商品の原価を求めなさい。

（　　　　　　　　　　）

❺ ある商品に原価の40%の利益を見込んで定価をつけました。この定価の60円引きを売り値とすると，売り値は500円になります。この商品の原価を求めなさい。

（　　　　　　　　　　）

❻ ある商品に360円の利益を見込んで定価をつけました。この定価の25%引きを売り値とすると，売り値は900円になります。この商品の原価を求めなさい。

（　　　　　　　　　　）

❼ ある商品に原価の3割の利益を見込んで定価をつけました。この定価の2割引きを売り値とすると，売り値は416円になります。この商品の原価を求めなさい。

（　　　　　　　　　　）

らくらく
＼マルつけ／

Ea-43

1次方程式の利用⑥

答えと解き方➡別冊p.31

❶ 連続する3つの奇数の和が39であるとき，次の問いに答えなさい。

(1) もっとも小さい奇数を$2n-1$として，もっとも大きい奇数をnを使った式で表しなさい。

(　　　　　　)

(2) もっとも小さい奇数を求めなさい。

(　　　　　　)

❷ ある整数を2倍して1をたした数は，その整数から2をひいて3倍した数と等しくなります。ある整数を求めなさい。

(　　　　　　)

❸ 一の位の数が4である2けたのある自然数は，十の位と一の位の数を入れかえると，もとの数より9だけ小さくなります。もとの自然数を求めなさい。

(　　　　　　)

ヒント

❶(1)連続する奇数は2ずつ大きくなることに注意する。
(2)nの値を求めたあと，$2n-1$に代入する。

❷ある整数をxとおいて，方程式をつくる。

❸もとの自然数の十の位の数をxとおいて，方程式をつくる。

❹ 連続する3つの偶数(ぐうすう)の和が54であるとき，もっとも大きい偶数を求めなさい。

(　　　　　　)

❺ ある整数を3倍して6をたした数は，その整数に10をたして2倍した数と等しくなります。ある整数を求めなさい。

(　　　　　　)

❻ 十の位の数が2である2けたのある自然数は，十の位と一の位の数を入れかえると，もとの数より63だけ大きくなります。もとの自然数を求めなさい。

(　　　　　　)

❼ 連続する3つの整数の和が81であるとき，もっとも小さい整数を求めなさい。

(　　　　　　)

❽ 一の位の数が7である2けたのある自然数は，十の位と一の位の数を入れかえると，もとの数より54だけ大きくなります。もとの自然数を求めなさい。

(　　　　　　)

らくらく
マルつけ

Ea-44

1次方程式の利用⑦

答えと解き方➡別冊p.31

❶ 下の図のように，同じ長さの棒を並べ，正三角形の数を増やしていきます。次の問いに答えなさい。

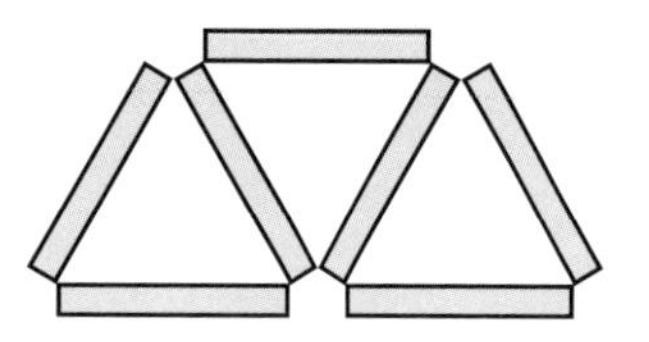

(1) 正三角形を4個つくるとき，必要な棒の本数を求めなさい。

(　　　　　　　　　　)

(2) 正三角形をn個つくるとき，必要な棒の本数を，nを使った式で表しなさい。

(　　　　　　　　　　)

(3) 正三角形を10個つくるとき，必要な棒の本数を求めなさい。

(　　　　　　　　　　)

❷ 下の図のように，石を並べて三角形をつくります。1番目の三角形は1辺に2個，2番目の三角形は1辺に3個，…のように石の数を増やしていくとき，次の問いに答えなさい。

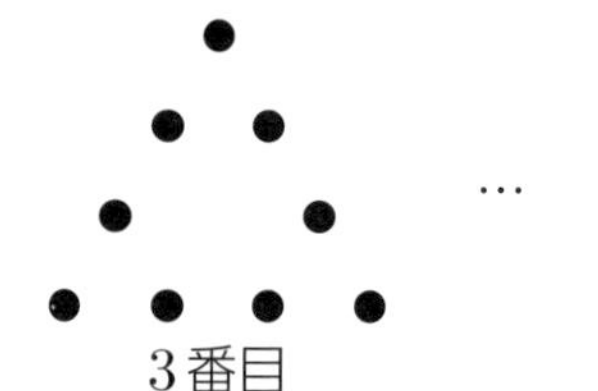

(1) n番目の三角形をつくるとき，必要な石の個数を，nを使った式で表しなさい。

(　　　　　　　　　　)

(2) 12番目の三角形をつくるとき，必要な石の個数を求めなさい。

(　　　　　　　　　　)

ヒント

❶ (1)正三角形の数が1個増えるごとに，必要な棒の本数は2本ずつ増える。
(2)$n=1$のときに3本になるように，棒の本数を表す。

❷ 下の図のように分ける。

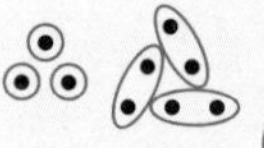

1番目 2番目　3番目

❸ 下の図のように，同じ長さの棒を並べ，正方形の数を増やしていきます。次の問いに答えなさい。

…

(1)　正方形を5個つくるとき，必要な棒の本数を求めなさい。

(　　　　　　　　　　)

(2)　正方形をn個つくるとき，必要な棒の本数を，nを使った式で表しなさい。

(　　　　　　　　　　)

(3)　正方形を14個つくるとき，必要な棒の本数を求めなさい。

(　　　　　　　　　　)

❹ 下の図のように，石を並べていきます。1番目の形は1個，2番目の形は4個，…のように石の数を増やしていくとき，次の問いに答えなさい。

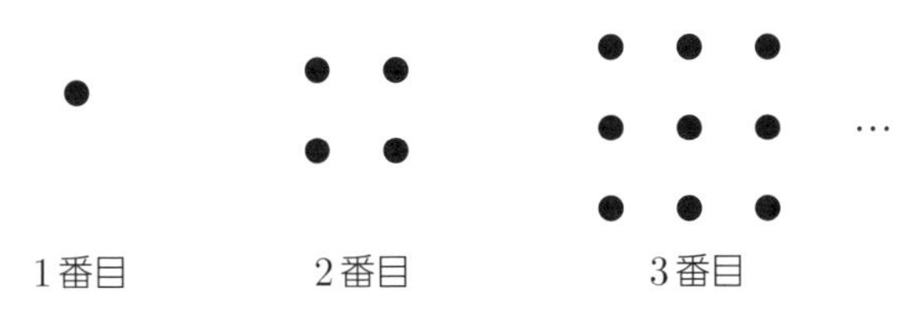

(1)　4番目の形をつくるとき，必要な石の個数を求めなさい。

(　　　　　　　　　　)

(2)　n番目の形をつくるとき，必要な石の個数を，nを使った式で表しなさい。

(　　　　　　　　　　)

(3)　8番目の形をつくるとき，必要な石の個数を求めなさい。

(　　　　　　　　　　)

らくらく
マルつけ

Ea-45

比例式

答えと解き方➡別冊p.32

❶ 次のxの値(あたい)を求めなさい。

(1) $x:8=3:12$

(　　　　　　)

(2) $15:x=6:2$

(　　　　　　)

(3) $3:15=x:20$

(　　　　　　)

(4) $12:9=8:x$

(　　　　　　)

(5) $(x+3):5=12:15$

(　　　　　　)

(6) $2:(x-3)=8:12$

(　　　　　　)

(7) $16:(x+6)=2:(x-1)$

(　　　　　　)

ヒント

❶ $a:b=c:d$のとき，$ad=bc$であることを利用して，xについての方程式(ほうていしき)をつくる。

❷ 次のxの値を求めなさい。

(1) $6:x=2:5$

(　　　　　)

(2) $x:3=6:2$

(　　　　　)

(3) $9:21=3:x$

(　　　　　)

(4) $2:12=x:18$

(　　　　　)

(5) $18:(x+6)=6:5$

(　　　　　)

(6) $(x-4):7=20:35$

(　　　　　)

(7) $6:(x-5)=9:(x-3)$

(　　　　　)

(8) $(x+19):6=(x+3):2$

(　　　　　)

らくらく
＼マルつけ／

Ea-46

比例式の利用

答えと解き方➡別冊p.32

❶ 容器Aと容器Bに水を3:2の比で入れます。容器Aに水を420mL入れるとき，容器Bに入れる水の量を求めなさい。

（　　　　　　）

❷ 14枚のクッキーを兄と弟で4:3の比になるように分けます。兄に分けられるクッキーの枚数を求めなさい。

（　　　　　　）

❸ 同じ折り紙が何枚かあり，全部の重さをはかると78gでした。そのうち10枚の重さをはかると13gでした。折り紙は全部で何枚あるか求めなさい。

（　　　　　　）

❹ ボールが箱Aに12個，箱Bに4個入っています。ボールを箱Aから箱Bにいくつか移すと，箱Aと箱Bに入っているボールの数の比は5:3になりました。移したボールの個数を求めなさい。

（　　　　　　）

ヒント

❶ 容器Bに入れる水の量をx mLとして，比例式(ひれいしき)をつくる。

❷ 兄に分けられるクッキーの枚数をx枚とすると，弟に分けられるクッキーの枚数は$14-x$(枚)となる。

❸ 折り紙が全部でx枚あるとして，比例式をつくる。

❹ ボールをx個移したとして，比例式をつくる。

5 ケチャップとマヨネーズを5:4の比で混ぜます。マヨネーズを160g使うとき，必要なケチャップの量を求めなさい。

(　　　　　　)

6 兄と弟の所持金の比は7:5です。兄の所持金が5600円であるとき，弟の所持金を求めなさい。

(　　　　　　)

7 15枚の画用紙をAさんとBさんで2:3の比になるように分けます。Bさんに分けられる画用紙の枚数を求めなさい。

(　　　　　　)

8 同じコインが何枚かあり，全部の重さをはかると63gでした。そのうち4枚の重さをはかると14gでした。コインは全部で何枚あるか求めなさい。

(　　　　　　)

9 りんごが箱Aに16個，箱Bに6個入っています。りんごを箱Aから箱Bにいくつか移すと，箱Aと箱Bに入っているりんごの数の比は5:6になりました。移したりんごの個数を求めなさい。

(　　　　　　)

らくらく
マルつけ

Ea-47

まとめのテスト❸

／100点

答えと解き方➡別冊p.33

❶ 次の方程式(ほうていしき)を解(と)きなさい。 [7点×5=35点]

(1) $\frac{9}{4}x=18$

(　　　　　　　　　)

(2) $11-3x=-9+x$

(　　　　　　　　　)

(3) $4x+2(3-5x)=18$

(　　　　　　　　　)

(4) $0.06x+0.13=-0.11$

(　　　　　　　　　)

(5) $\frac{1}{2}(3x-10)=\frac{1}{3}(x+6)$

(　　　　　　　　　)

❷ 次の x についての方程式の解(かい)が -3 であるとき，a の値(あたい)を求めなさい。 [7点×2=14点]

(1) $3a-5x=39$

(　　　　　　　　　)

(2) $\frac{a+1}{3}=\frac{x-2}{5}$

(　　　　　　　　　)

3 現在，Aさんは12歳，Aさんの父は47歳です。Aさんの父の年齢が，Aさんの年齢の8倍であったのは何年前か求めなさい。[10点]

(　　　　　　　　)

4 Aさんは同じ消しゴムを何個か買おうとしています。4個買うと140円余り，5個買うと30円余ります。消しゴム1個の値段と持っている金額を求めなさい。[5点×2=10点]

消しゴム1個の値段(　　　　　　　　)

持っている金額(　　　　　　　　)

5 ある商品に350円の利益を見込んで定価をつけました。この定価の4%引きを売り値とすると，売り値は1920円になります。この商品の原価を求めなさい。[10点]

(　　　　　　　　)

6 連続する3つの奇数の和が63であるとき，もっとも大きい奇数を求めなさい。[10点]

(　　　　　　　　)

7 兄は20枚，弟は6枚の折り紙を持っています。兄が弟に折り紙を何枚かあげると，兄と弟が持っている折り紙の枚数の比は8:5になりました。兄があげた折り紙の枚数を求めなさい。[11点]

(　　　　　　　　)

らくらく
＼マルつけ／

Ea-48

関数

答えと解き方➡別冊p.33

❶ 次のア～エから，y が x の関数(かんすう)であるものをすべて選びなさい。

ア　1辺の長さが $x$cm である正方形の面積 $y$cm^2

イ　縦の長さが $x$cm である長方形の面積 $y$cm^2

ウ　A さんの国語のテストの点数 x 点と英語のテストの点数 y 点

エ　5Lの水が入った容器に xL の水を入れたときの全体の量 yL

（　　　　　　）

❷ 次の x の変域(へんいき)を，不等号を使って表しなさい。

(1)　x は2以上

（　　　　　　）

(2)　x は7未満

（　　　　　　）

(3)　x は4より大きく9以下

（　　　　　　）

(4)　x は-2以上で3より小さい

（　　　　　　）

❸ 次の図が表す x の変域を，不等号を使って表しなさい。

(1)

3

（　　　　　　）

(2)

5　8

（　　　　　　）

ヒント

❶ xの値(あたい)が決まると，yの値がただ1つに決まるものを選ぶ。

❷ (1)「以上」，「以下」は≧や≦で表す。
(2)「より大きい」，「より小さい」，「未満」は>や<で表す。

❸ (1)3をふくむ。
(2)5をふくまず，8をふくむ。

4 次のア〜エから，y が x の関数であるものをすべて選びなさい。

ア　底辺の長さが $x$cm である三角形の面積 $y$cm^2

イ　縦の長さが $x$cm，横の長さが 3cm である長方形の面積 $y$cm^2

ウ　x 円の商品を買って 1000 円出したときのおつり y 円

エ　家から学校までの道のり xm と通学時間 y 分

(　　　　　　　　　　)

5 次の x の変域を，不等号を使って表しなさい。

(1)　x は -3 より大きい

(　　　　　　　　　　)

(2)　x は 12 以下

(　　　　　　　　　　)

(3)　x は 1 より大きく 5 未満

(　　　　　　　　　　)

(4)　x は -8 以上で -1 以下

(　　　　　　　　　　)

6 次の図が表す x の変域を，不等号を使って表しなさい。

(1)

7

(　　　　　　　　　　)

(2)

2　　9

(　　　　　　　　　　)

(3)

4　　12

(　　　　　　　　　　)

らくらく
マルつけ

Ea-49

比例と比例定数

答えと解き方➡別冊p.34

1 次のア〜エから，yがxに比例（ひれい）するものをすべて選びなさい。

ア　1辺の長さが$x$cmである正方形の周の長さ$y$cm

イ　縦の長さが$x$cmである長方形の横の長さ$y$cm

ウ　1個100円のりんごx個の代金y円

エ　10mのテープをx等分するときの1つ分の長さym

（　　　　　　）

2 xとyに次の表のような関係があるとき，xとyの関係を表す式と比例定数（ていすう）を求めなさい。

(1)

x	1	2	3	4
y	4	8	12	16

式（　　　　　　）

比例定数（　　　　　　）

(2)

x	-4	-3	-2	-1
y	-8	-6	-4	-2

式（　　　　　　）

比例定数（　　　　　　）

(3)

x	1	2	3	4
y	-3	-6	-9	-12

式（　　　　　　）

比例定数（　　　　　　）

ヒント

1 xの値（あたい）が2倍，3倍，…になるとyの値が2倍，3倍，…になるものを選ぶ。

2 $a=\frac{y}{x}$を使って，次のように比例定数を求める。

(1)$a=\frac{4}{1}$

(2)$a=\frac{-8}{-4}$

(3)$a=\frac{-3}{1}$

3 次のア～エから，y が x に比例するものをすべて選びなさい。

ア　縦の長さが $x$cm，横の長さが2cm である長方形の面積 $y$cm^2

イ　1辺の長さが $x$cm である正三角形の周の長さ $y$cm

ウ　150円のノート1冊と x 円のペン1本の代金の合計 y 円

エ　1枚の重さが5gのコイン x 枚の重さ yg

（　　　　　　　　）

4 x と y に次の表のような関係があるとき，x と y の関係を表す式と比例定数を求めなさい。

(1)

x	3	4	5	6
y	15	20	25	30

式（　　　　　　　　）

比例定数（　　　　　　　　）

(2)

x	− 2	− 1	0	1
y	8	4	0	− 4

式（　　　　　　　　）

比例定数（　　　　　　　　）

(3)

x	− 6	− 5	− 4	− 3
y	− 18	− 15	− 12	− 9

式（　　　　　　　　）

比例定数（　　　　　　　　）

(4)

x	6	7	8	9
y	− 6	− 7	− 8	− 9

式（　　　　　　　　）

比例定数（　　　　　　　　）

らくらく
マルつけ

Ea-50

比例の式の決定

答えと解き方➡別冊p.34

❶ yはxに比例(ひれい)するとき，次のそれぞれの比例の式を求めなさい。

(1) $x=3$のとき，$y=6$

(　　　　　　　)

(2) $x=-3$のとき，$y=-9$

(　　　　　　　)

(3) $x=4$のとき，$y=-4$

(　　　　　　　)

(4) $x=-5$のとき，$y=20$

(　　　　　　　)

(5) $x=10$のとき，$y=2$

(　　　　　　　)

❷ yはxに比例するとき，次のそれぞれの場合で，$x=3$のときのyの値(あたい)を求めなさい。

(1) $x=5$のとき，$y=20$

(　　　　　　　)

(2) $x=-2$のとき，$y=10$

(　　　　　　　)

(3) $x=12$のとき，$y=-4$

(　　　　　　　)

ヒント

❶ $a=\frac{y}{x}$を使って，次のように比例定数(ていすう)を求める。

(1)$a=\frac{6}{3}$

(2)$a=\frac{-9}{-3}$

(3)$a=\frac{-4}{4}$

(4)$a=\frac{20}{-5}$

(5)$a=\frac{2}{10}$

❷ $a=\frac{y}{x}$を使って，次のように比例定数を求める。

(1)$a=\frac{20}{5}$

(2)$a=\frac{10}{-2}$

(3)$a=\frac{-4}{12}$

3 y は x に比例するとき，次のそれぞれの比例の式を求めなさい。

(1)　$x=2$ のとき，$y=12$

(　　　　　　　　)

(2)　$x=-3$ のとき，$y=-36$

(　　　　　　　　)

(3)　$x=3$ のとき，$y=-9$

(　　　　　　　　)

(4)　$x=-7$ のとき，$y=35$

(　　　　　　　　)

(5)　$x=-12$ のとき，$y=4$

(　　　　　　　　)

(6)　$x=-18$ のとき，$y=-2$

(　　　　　　　　)

4 y は x に比例するとき，次のそれぞれの場合で，$x=-4$ のときの y の値を求めなさい。

(1)　$x=3$ のとき，$y=24$

(　　　　　　　　)

(2)　$x=5$ のとき，$y=-30$

(　　　　　　　　)

(3)　$x=-24$ のとき，$y=12$

(　　　　　　　　)

らくらく
マルつけ

Ea-51

座標

答えと解き方➡別冊p.35

❶ 右の図で，次のそれぞれの点の座標（ざひょう）を答えなさい。

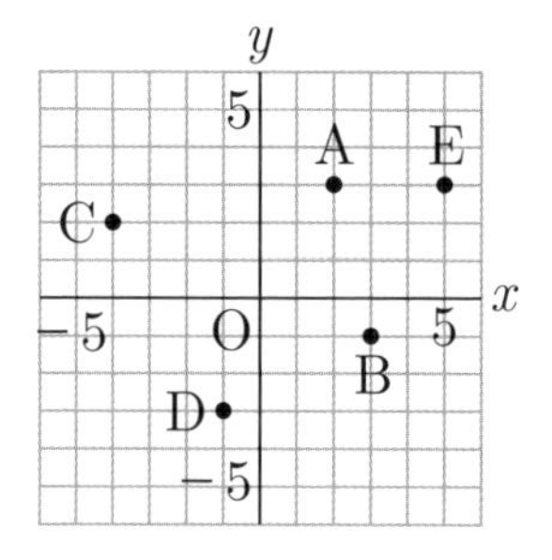

(1)　点A

（　　　　　　　　　）

(2)　点B

（　　　　　　　　　）

(3)　点C

（　　　　　　　　　）

(4)　点D

（　　　　　　　　　）

(5)　点E

（　　　　　　　　　）

❷ ❶の点Aから点Eについて，次の問いに答えなさい。

(1)　x座標がもっとも大きい点を答えなさい。

（　　　　　　　　　）

(2)　y座標がもっとも小さい点を答えなさい。

（　　　　　　　　　）

❸ 右の図に，次のそれぞれの点を示しなさい。

(1)　F(3,　3)

(2)　G(3,　−4)

(3)　H(−4,　3)

(4)　I(−2,　−3)

(5)　J(5,　4)

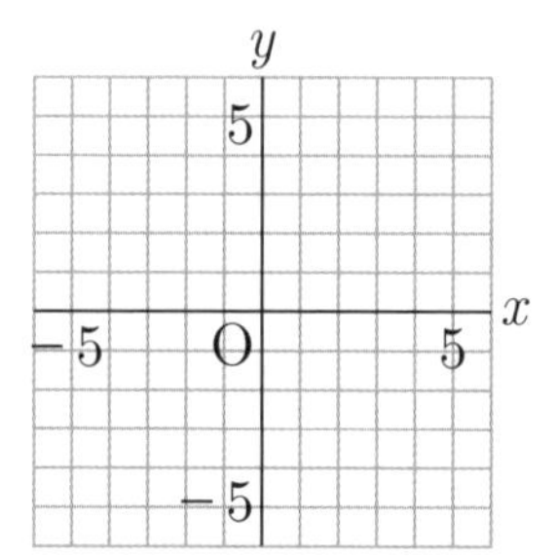

ヒント

❶ 図からx座標とy座標を読みとり，(x座標，y座標)の形で座標を表す。

❷ (1)もっとも右にある点を答える。
(2)もっとも下にある点を答える。

❸ それぞれのx座標，y座標の組にあてはまる位置に点をかく。

❹ 右の図で，次のそれぞれの点の座標を答えなさい。

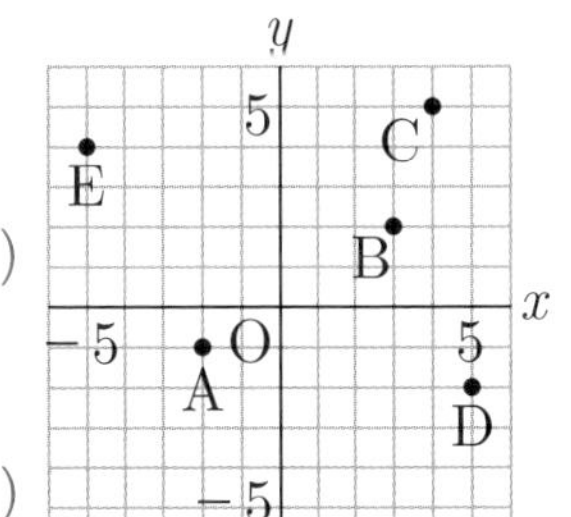

(1) 点A

(　　　　　　　　)

(2) 点B

(　　　　　　　　)

(3) 点C

(　　　　　　　　)

(4) 点D

(　　　　　　　　)

(5) 点E

(　　　　　　　　)

❺ ❹の点Aから点Eについて，次の問いに答えなさい。

(1) x座標がもっとも小さい点を答えなさい。

(　　　　　　　　)

(2) y座標がもっとも大きい点を答えなさい。

(　　　　　　　　)

(3) 原点(げんてん)から右に5，下に2だけ進んだ点を答えなさい。

(　　　　　　　　)

❻ 右の図に，次のそれぞれの点を示しなさい。

(1) F(1，3)

(2) G(−4，1)

(3) H(5，−5)

(4) I(−1，−2)

(5) J(−1，4)

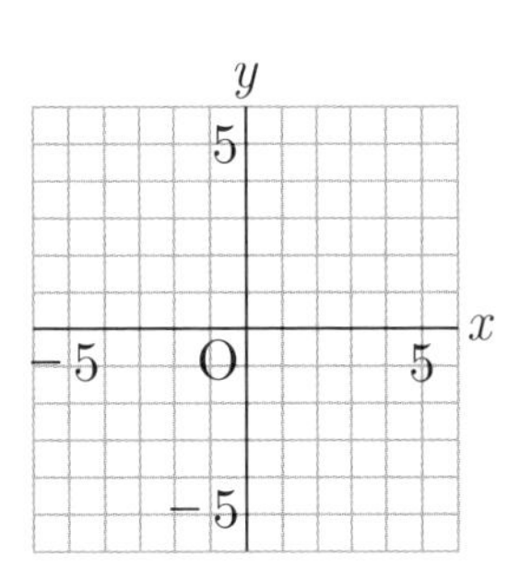

らくらく
マルつけ
Ea-52

対称な点

答えと解き方➡別冊p.35

1 右の図のそれぞれの点について，次の問いに答えなさい。

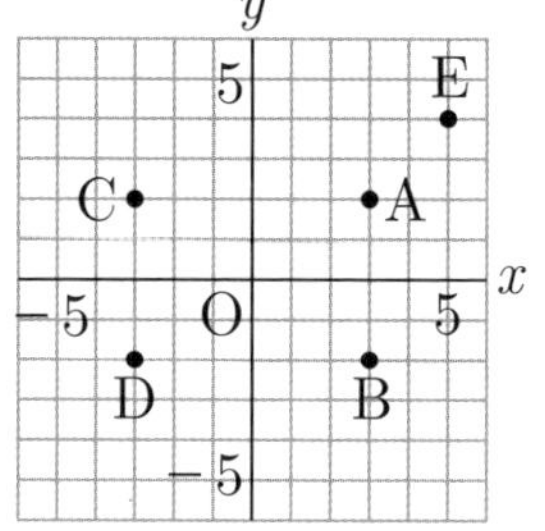

(1) 点Aとx軸に関して対称な点を答えなさい。

(　　　　　　　　)

(2) 点Aとy軸に関して対称な点を答えなさい。

(　　　　　　　　)

(3) 点Aと原点に関して対称な点を答えなさい。

(　　　　　　　　)

(4) 点Aを右に2，上に2だけ移動させた点を答えなさい。

(　　　　　　　　)

(5) 点Dとy軸に関して対称な点を答えなさい。

(　　　　　　　　)

(6) 点Bと原点に関して対称な点を答えなさい。

(　　　　　　　　)

(7) 点Cを左に1，上に3だけ移動させた点の座標を答えなさい。

(　　　　　　　　)

(8) 点Eと原点に関して対称な点の座標を答えなさい。

(　　　　　　　　)

ヒント

1 (1)x座標が等しく，y座標の符号が異なる点。
(2)(5) y座標が等しく，x座標の符号が異なる点。
(3)(6)(8) x座標，y座標それぞれの符号が異なる点。
(4)(7)もとの点の位置から移動させた位置を考える。

2 右の図のそれぞれの点について，次の問いに答えなさい。

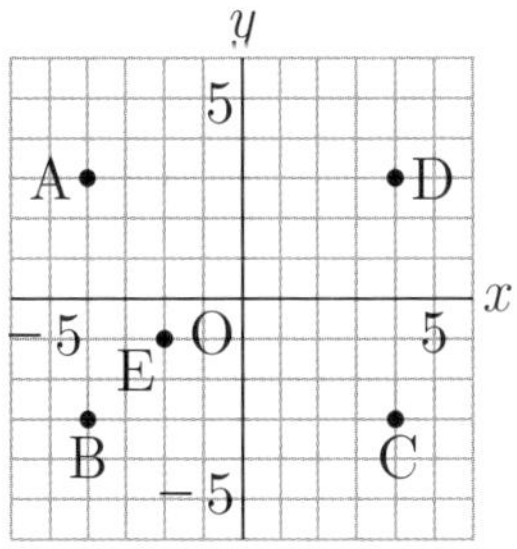

(1) 点Aとy軸に関して対称な点を答えなさい。

(　　　　　　)

(2) 点Aとx軸に関して対称な点を答えなさい。

(　　　　　　)

(3) 点Aと原点に関して対称な点を答えなさい。

(　　　　　　)

(4) 点Eを右に6，下に2だけ移動させた点を答えなさい。

(　　　　　　)

(5) 点Cとy軸に関して対称な点を答えなさい。

(　　　　　　)

(6) 点Bと原点に関して対称な点を答えなさい。

(　　　　　　)

(7) 点Dを左に2，下に3だけ移動させた点の座標を答えなさい。

(　　　　　　)

(8) 点Eと原点に関して対称な点の座標を答えなさい。

(　　　　　　)

(9) 点Eとy軸に関して対称な点の座標を答えなさい。

(　　　　　　)

比例のグラフ

答えと解き方➡別冊p.36

❶ 次の問いに答えなさい。

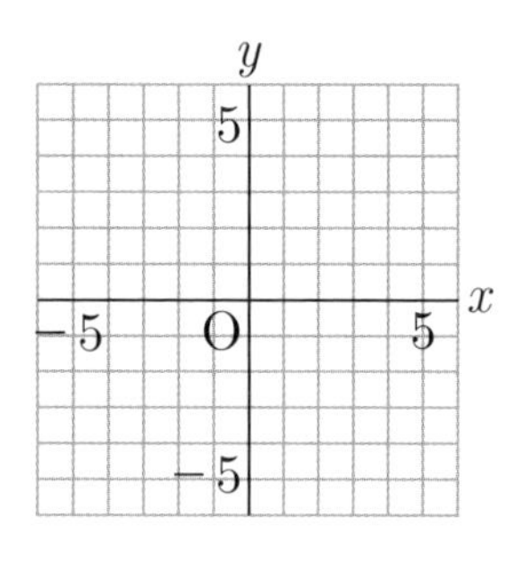

(1) $y=3x$ について，下の表の y の値(あたい)を求めなさい。

x	-3	-2	-1	0	1	2	3
y							

(2) $y=3x$ のグラフを，右上の図にかきなさい。

(3) $y=-2x$ について，下の表の y の値を求めなさい。

x	-3	-2	-1	0	1	2	3
y							

(4) $y=-2x$ のグラフを，右上の図にかきなさい。

❷ 右の図について，次の問いに答えなさい。

(1) アのグラフが表す比例(ひれい)の式を求めなさい。

(　　　　　　　　)

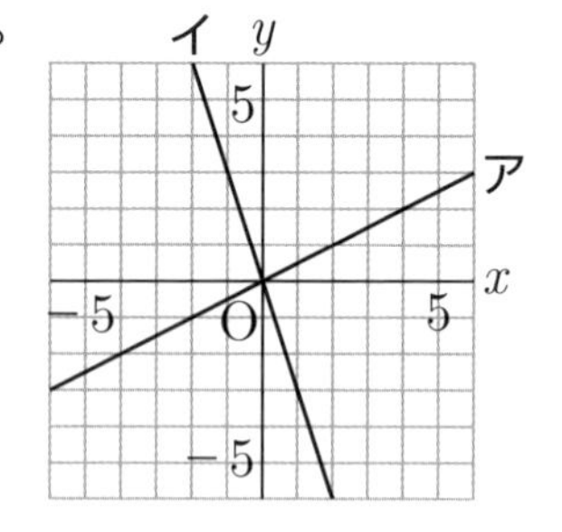

(2) イのグラフが表す比例の式を求めなさい。

(　　　　　　　　)

ヒント

❶(1) $y=3x$ にそれぞれの x の値を代入(だいにゅう)する。

(2)(4) 原点(げんてん)と，それ以外の1点を通る直線をかく。

(3) $y=-2x$ にそれぞれの x の値を代入する。

❷(1) (2, 1)を通っていることから比例定数(ていすう)を求める。

(2) (1, −3)を通っていることから比例定数を求める。

❸ 次の問いに答えなさい。

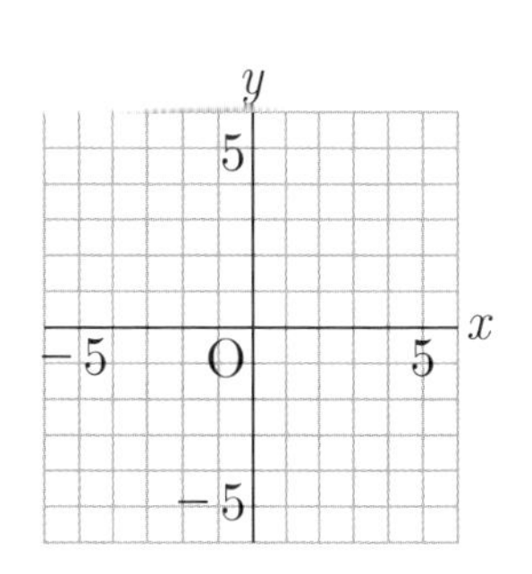

(1) $y=\frac{1}{3}x$ について，下の表の y の値を求めなさい。

x	-3	-2	-1	0	1	2	3
y							

(2) $y=\frac{1}{3}x$ のグラフを，右上の図にかきなさい。

(3) $y=-x$ について，下の表の y の値を求めなさい。

x	-3	-2	-1	0	1	2	3
y							

(4) $y=-x$ のグラフを，右上の図にかきなさい。

❹ 右の図について，次の問いに答えなさい。

(1) アのグラフが表す比例の式を求めなさい。

(　　　　　　　　　　)

(2) イのグラフが表す比例の式を求めなさい。

(　　　　　　　　　　)

❺ $a>0$ のとき，$y=ax$ のグラフは a の値が大きいほど，グラフの傾きは大きくなるか，小さくなるか，答えなさい。

(　　　　　　　　　　)

反比例と比例定数

答えと解き方➡別冊p.36

❶ 次のア～エから，y が x に反比例(はんぴれい)しているものをすべて選びなさい。

ア　周の長さが20cmである長方形の縦の長さ$x$cmと横の長さ$y$cm

イ　面積が10cm^2である長方形の縦の長さ$x$cmと横の長さ$y$cm

ウ　1個300円のケーキx個の代金y円

エ　8mのテープをx等分するときの1つ分の長さym

（　　　　　　）

❷ x と y に次の表のような関係があるとき，x と y の関係を表す式と比例定数(ひれいていすう)を求めなさい。

(1)

x	1	2	3	4
y	12	6	4	3

式（　　　　　　）

比例定数（　　　　　　）

(2)

x	1	2	3	4
y	-8	-4	$-\frac{8}{3}$	-2

式（　　　　　　）

比例定数（　　　　　　）

(3)

x	-4	-3	-2	-1
y	$-\frac{9}{2}$	-6	-9	-18

式（　　　　　　）

比例定数（　　　　　　）

ヒント

❶ xの値(あたい)が2倍，3倍，…になるとyの値が$\frac{1}{2}$倍，$\frac{1}{3}$倍，…になるものを選ぶ。

❷ $a=xy$を使って，次のように**比例定数**を求める。
(1)$a=1\times12$
(2)$a=1\times(-8)$
(3)$a=-1\times(-18)$

3 次のア〜エから，y が x に反比例しているものをすべて選びなさい。

ア　10Lの容器に1分あたり xLの水を入れるとき，満水になるまでの時間 y 分

イ　1辺の長さが x cm である正方形の面積 y cm^2

ウ　800 m の道のりを分速 x m で歩いたときにかかる時間 y 分

エ　x 円の商品を買って，1000円出したときのおつり y 円

(　　　　　　　　)

4 x と y に次の表のような関係があるとき，x と y の関係を表す式と比例定数を求めなさい。

(1)

x	1	2	3	4
y	36	18	12	9

式(　　　　　　　　)

比例定数(　　　　　　　　)

(2)

x	3	4	5	6
y	-8	-6	$-\frac{24}{5}$	-4

式(　　　　　　　　)

比例定数(　　　　　　　　)

(3)

x	-4	-3	-2	-1
y	15	20	30	60

式(　　　　　　　　)

比例定数(　　　　　　　　)

(4)

x	-6	-5	-4	-3
y	-5	-6	$-\frac{15}{2}$	-10

式(　　　　　　　　)

比例定数(　　　　　　　　)

らくらく
マルつけ
Ea-55

反比例の式の決定

答えと解き方➡別冊p.37

❶ y は x に反比例（はんぴれい）するとき，次のそれぞれの場合について，y を x の式で表しなさい。

(1) $x=2$ のとき，$y=5$

（　　　　　　　）

(2) $x=-3$ のとき，$y=4$

（　　　　　　　）

(3) $x=5$ のとき，$y=-5$

（　　　　　　　）

(4) $x=-4$ のとき，$y=-8$

（　　　　　　　）

(5) $x=\frac{1}{4}$ のとき，$y=12$

（　　　　　　　）

❷ y は x に反比例するとき，次のそれぞれの場合で，$x=2$ のときの y の値（あたい）を求めなさい。

(1) $x=5$ のとき，$y=8$

（　　　　　　　）

(2) $x=-3$ のとき，$y=6$

（　　　　　　　）

(3) $x=-7$ のとき，$y=-4$

（　　　　　　　）

ヒント

❶ $a=xy$ を使って，次のように**比例定数**（ひれいていすう）を求める。
(1) $a=2\times5$
(2) $a=-3\times4$
(3) $a=5\times(-5)$
(4) $a=-4\times(-8)$
(5) $a=\frac{1}{4}\times12$

❷ $a=xy$ を使って，次のように**比例定数**を求める。
(1) $a=5\times8$
(2) $a=-3\times6$
(3) $a=-7\times(-4)$

❸ y は x に反比例するとき，次のそれぞれの場合について，y を x の式で表しなさい。

(1) $x=5$ のとき，$y=7$

(　　　　　　　　)

(2) $x=-2$ のとき，$y=11$

(　　　　　　　　)

(3) $x=3$ のとき，$y=-2$

(　　　　　　　　)

(4) $x=-9$ のとき，$y=-3$

(　　　　　　　　)

(5) $x=-\frac{1}{6}$ のとき，$y=24$

(　　　　　　　　)

(6) $x=-3$ のとき，$y=-\frac{8}{3}$

(　　　　　　　　)

❹ y は x に反比例するとき，次のそれぞれの場合で，$x=-4$ のときの y の値を求めなさい。

(1) $x=2$ のとき，$y=6$

(　　　　　　　)

(2) $x=6$ のとき，$y=-8$

(　　　　　　　)

(3) $x=60$ のとき，$y=-\frac{1}{3}$

(　　　　　　　)

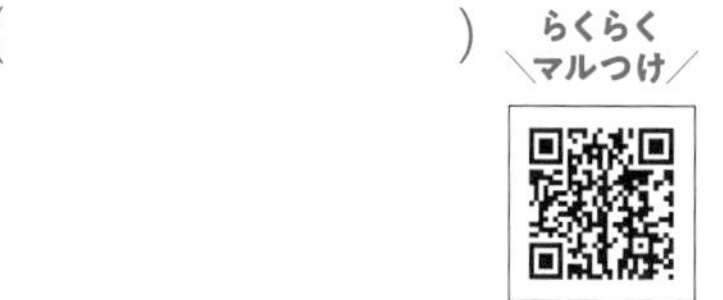

反比例のグラフ

答えと解き方➡別冊p.37

❶ 次の問いに答えなさい。

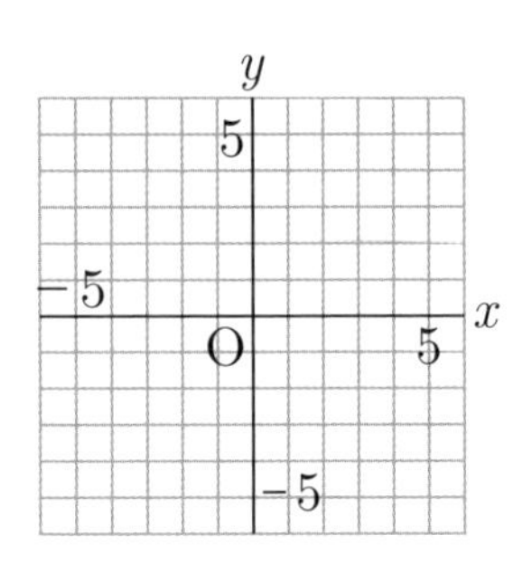

(1) $y=\frac{6}{x}$について，下の表のyの値(あたい)を求めなさい。

x	−3	−2	−1	0	1	2	3
y				＼			

(2) $y=\frac{6}{x}$のグラフを，右上の図にかきなさい。

(3) $y=-\frac{12}{x}$について，下の表のyの値を求めなさい。

x	−3	−2	−1	0	1	2	3
y				＼			

(4) $y=-\frac{12}{x}$のグラフを，右上の図にかきなさい。

❷ 右の図について，次の問いに答えなさい。

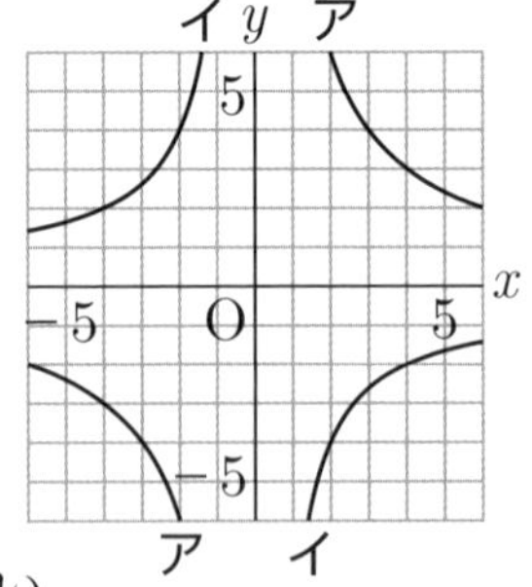

(1) アのグラフが表す反比例(はんぴれい)の式を求めなさい。

(　　　　　　　　)

(2) イのグラフが表す反比例の式を求めなさい。

(　　　　　　　　)

ヒント

❶(1) $y=\frac{6}{x}$にそれぞれのxの値を代入(だいにゅう)する。

(2) (1)で求めた**座標**(ざひょう)の**点を通る双曲線**(そうきょくせん)をかく。

(3) $y=-\frac{12}{x}$にそれぞれのxの値を代入する。

(4) (3)で求めた座標の点を通る双曲線をかく。

❷(1) (2, 6)を通っていることから**比例定数**を求める。

(2) (2, −4)を通っていることから**比例定数**を求める。

❸ 次の問いに答えなさい。

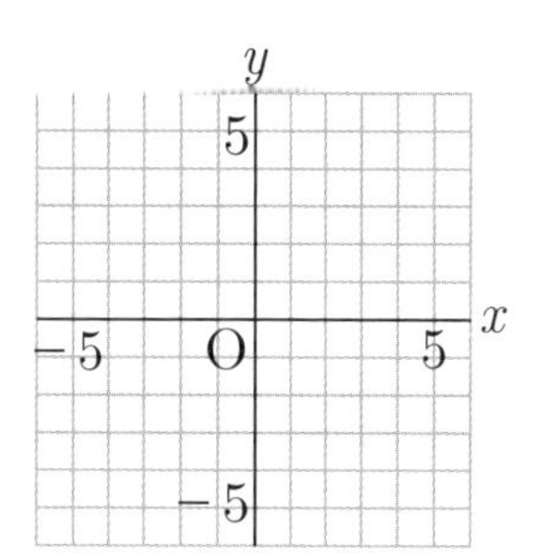

(1) $y=\dfrac{18}{x}$について，下の表のyの値を求めなさい。

x	-3	-2	-1	0	1	2	3
y							

(2) $y=\dfrac{18}{x}$のグラフを，右上の図にかきなさい。

(3) $y=-\dfrac{6}{x}$について，下の表のyの値を求めなさい。

x	-3	-2	-1	0	1	2	3
y							

(4) $y=-\dfrac{6}{x}$のグラフを，右上の図にかきなさい。

❹ 右の図について，次の問いに答えなさい。

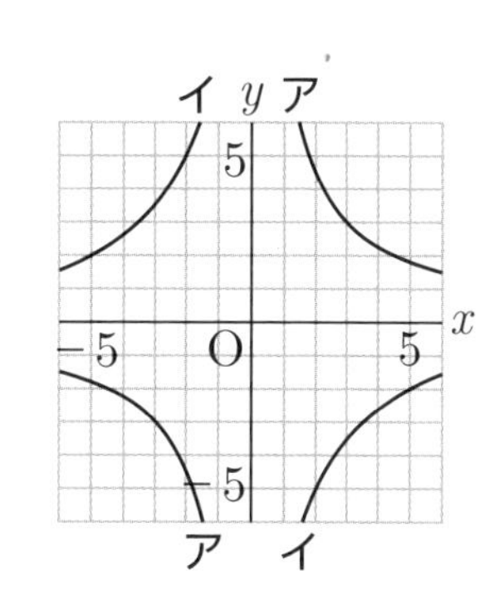

(1) アのグラフが表す反比例の式を求めなさい。

(　　　　　　　　　　)

(2) イのグラフが表す反比例の式を求めなさい。

(　　　　　　　　　　)

❺ $a<0$，$x<0$のとき，$y=\dfrac{a}{x}$について，xの値が増加すると，yの値は増加するか，減少するか，答えなさい。

(　　　　　　　　　　)

らくらく
マルつけ

Ea-57

比例の利用

答えと解き方➡別冊p.38

❶ 底辺の長さが4cmである平行四辺形の，高さを$x$cm，面積を$y$cm^{2}とします。次の問いに答えなさい。

(1)　xとyの関係を表す式を求めなさい。

(　　　　　　　　)

(2)　高さが5cmのときの面積を求めなさい。

(　　　　　　　　)

(3)　面積が32cm^{2}のときの高さを求めなさい。

(　　　　　　　　)

❷ 右の図は，兄と弟が同時に家を出発して，600mはなれた駅まで歩いたときの，歩いた時間x分と道のりymの関係を表したものです。次の問いに答えなさい。

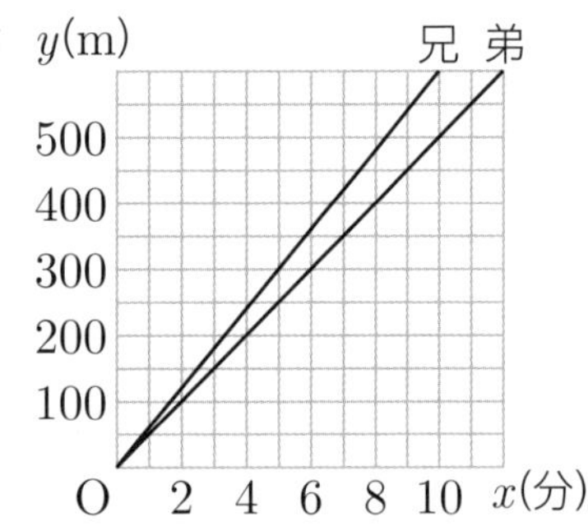

(1)　兄について，xとyの関係を表す式を求めなさい。

(　　　　　　　　)

(2)　弟について，xとyの関係を表す式を求めなさい。

(　　　　　　　　)

(3)　兄が家から300mはなれた場所を通過したあと，何分後に弟が同じ場所を通過するか，グラフから読みとりなさい。

(　　　　　　　　)

ヒント

❶(1)(平行四辺形の面積)＝(底辺の長さ)×(高さ)より求める。
(2)(1)で求めた式に，$x=5$を代入(だいにゅう)する。
(3)(1)で求めた式に，$y=32$を代入する。

❷(1)(5, 300)を通っていることから求める。
(2)(6, 300)を通っていることから求める。
(3)兄と弟が300m進むのが何分後かをグラフから読みとる。

❸ 1個の重さが80gであるチョコレートが，x個あるときの全体の重さをygとします。次の問いに答えなさい。

(1)　xとyの関係を表す式を求めなさい。

(　　　　　　　　)

(2)　個数が6個のときの全体の重さを求めなさい。

(　　　　　　　　)

(3)　全体の重さが720gであるときの個数を求めなさい。

(　　　　　　　　)

❹ 右の図は，2つの直方体の容器A，Bに毎分同じ量の水を入れたときの，水を入れた時間x分と水の高さ$y$cmの関係を表したものです。次の問いに答えなさい。

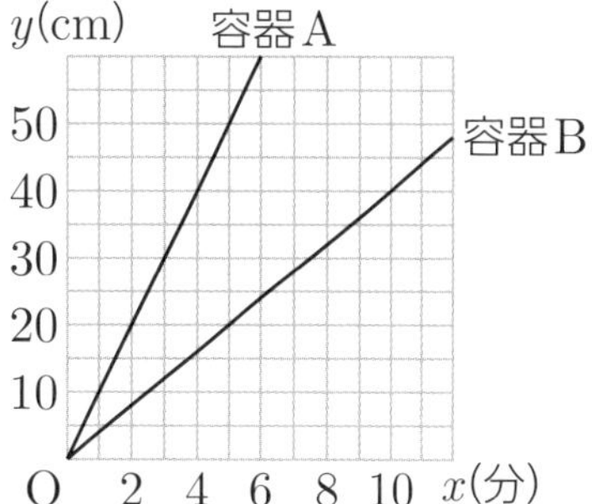

(1)　容器Aについて，xとyの関係を表す式を求めなさい。

(　　　　　　　　)

(2)　容器Bについて，xとyの関係を表す式を求めなさい。

(　　　　　　　　)

(3)　容器Aの水の高さが20cmになったあと，何分後に容器Bの水の高さが20cmになるか，グラフから読みとりなさい。

(　　　　　　　　)

(4)　容器Aの水の高さが50cmになったとき，容器Aと容器Bの水の高さの差は何cmか，グラフから読みとりなさい。

(　　　　　　　　)

らくらく
マルつけ

Ea-58

反比例の利用

答えと解き方➡別冊p.39

❶ 面積が28cm²である長方形の，横の長さを$x$cm，縦の長さを$y$cmとします。次の問いに答えなさい。

(1) xとyの関係を表す式を求めなさい。

（　　　　　　　　　　）

(2) 横の長さが4cmのときの縦の長さを求めなさい。

（　　　　　　　　　　）

(3) 縦の長さが14cmのときの横の長さを求めなさい。

（　　　　　　　　　　）

❷ 右の図は，Aさんが家から公園まで分速xmで進むときの，速さとかかる時間y分の関係を表したものです。次の問いに答えなさい。

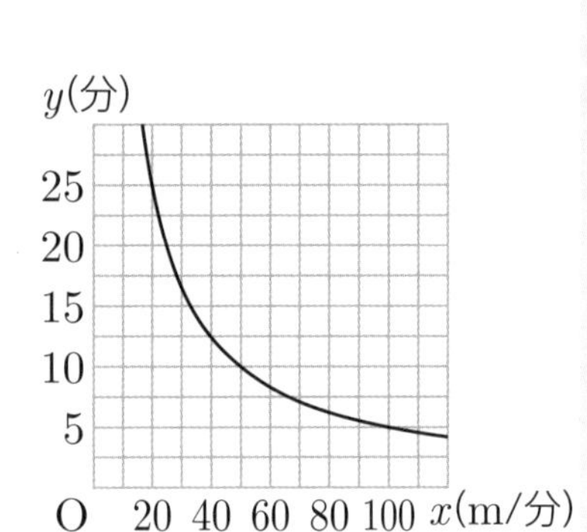

(1) 家から公園までの道のりを求めなさい。

（　　　　　　　　　　）

(2) xとyの関係を表す式を求めなさい。

（　　　　　　　　　　）

(3) 家を出発して公園まで5分以内に到着するには，分速何m以上で進めばよいか，グラフから読みとりなさい。

（　　　　　　　　　　）

ヒント

❶(1) (長方形の縦の長さ)＝(面積)÷(横の長さ)より求める。
(2) (1)で求めた式に，$x=4$を代入（だいにゅう）する。
(3) (1)で求めた式に，$y=14$を代入する。

❷(1) (20，25)を通っていることから求める。
(2) (1)で求めた道のりが比例定数（ひれいていすう）となる。
(3) 5分で到着するときの速さをグラフから読みとる。

3 **長さ240cmのテープを，x等分したときの1つ分の長さを$y$cmとします。次の問いに答えなさい。**

(1)　xとyの関係を表す式を求めなさい。

(　　　　　　　　　)

(2)　12等分するときの1つ分の長さを求めなさい。

(　　　　　　　　　)

(3)　1つ分の長さが15cmになるのは何等分したときか求めなさい。

(　　　　　　　　　)

4 **右の図は，ある容器に毎分xLの水を入れたときの，1分間に入れる水の量と満水になるまでの時間y分の関係を表したものです。次の問いに答えなさい。**

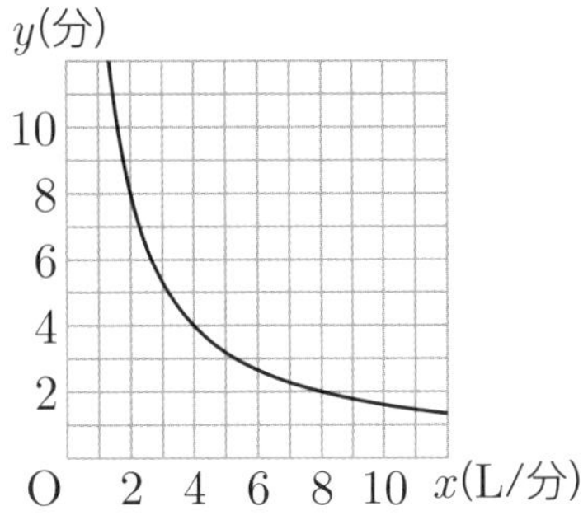

(1)　この容器には何Lの水が入るか求めなさい。

(　　　　　　　　　)

(2)　xとyの関係を表す式を求めなさい。

(　　　　　　　　　)

(3)　この容器を4分以内に満水にするには，毎分何L以上の水を入れればよいか，グラフから読みとりなさい。

(　　　　　　　　　)

(4)　毎分8L以上の水を入れると，何分以内に満水になるか，グラフから読みとりなさい。

(　　　　　　　　　)

らくらくマルつけ

Ea-59

まとめのテスト❹

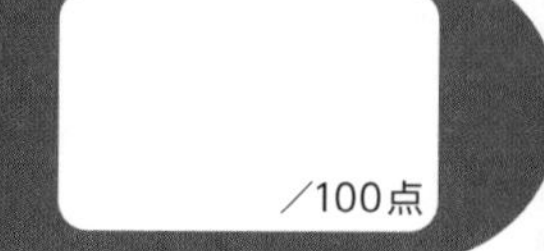

答えと解き方➡別冊p.39

❶ 次のア～オについて，あとの問いに答えなさい。[6点×3=18点]

ア　1辺の長さが$x$cmである正五角形の周の長さ$y$cm

イ　面積が24cm^2である平行四辺形の底辺の長さ$x$cmと高さ$y$cm

ウ　x人の生徒の身長の合計$y$cm

エ　300gのチョコレートをx等分するときの1つ分の重さyg

オ　x円の商品と200円の商品を買ったときの代金y円

(1)　yがxに比例(ひれい)するものをすべて選びなさい。

(　　　　　　　　)

(2)　yがxに反比例(はんぴれい)するものをすべて選びなさい。

(　　　　　　　　)

(3)　yがxの関数(かんすう)でないものをすべて選びなさい。

(　　　　　　　　)

❷ 次のそれぞれの場合で，$x=-3$のときのyの値(あたい)を求めなさい。[8点×4=32点]

(1)　yはxに比例し，$x=5$のとき，$y=-35$

(　　　　　　　　)

(2)　yはxに比例し，$x=8$のとき，$y=14$

(　　　　　　　　)

(3)　yはxに反比例し，$x=-4$のとき，$y=12$

(　　　　　　　　)

(4)　yはxに反比例し，$x=-5$のとき，$y=-8$

(　　　　　　　　)

❸ 面積が16cm^2である三角形の，底辺の長さを$x$cm，高さを$y$cmとします。次の問いに答えなさい。 [6点×3=18点]

⑴ xとyの関係を表す式を求めなさい。

( )

⑵ 底辺の長さが8cmのときの高さを求めなさい。

( )

⑶ 高さが12cmのときの高さを求めなさい。

( )

❹ 兄と弟が同時に家を出発して，1200mはなれた駅に向かいました。兄は自転車で，弟は徒歩で駅に向かったところ，家を出発してからの時間x分と進んだ道のりymの関係は右の図のようになりました。次の問いに答えなさい。 [8点×4=32点]

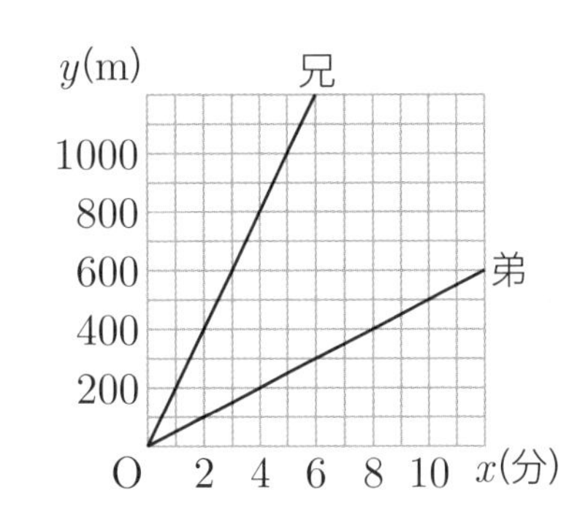

⑴ 兄について，xとyの関係を表す式を求めなさい。

( )

⑵ 弟について，xとyの関係を表す式を求めなさい。

( )

⑶ 兄が家から400mはなれた場所を通過したあと，何分後に弟が同じ場所を通過するか，グラフから読みとりなさい。

( )

⑷ 兄と弟が進んだ道のりの差が900mになるのは，家を出発してから何分後か，グラフから読みとりなさい。

( )

らくらく
マルつけ
Ea-60

チャレンジテスト❶

／100点

答えと解き方➡別冊p.40

1 **次の計算をしなさい。** [6点×3=18点]

(1) $6\div(-2)-4$ 【千葉県】

(　　　　　　　　　)

(2) $-8+6^2\div9$ 【東京都】

(　　　　　　　　　)

(3) $-\dfrac{3}{4}-\dfrac{1}{8}+\left(\dfrac{3}{2}\right)^2$

(　　　　　　　　　)

2 **次の計算をしなさい。** [7点×2=14点]

(1) $2(3a-4)-3(4a+5)$

(　　　　　　　　　)

(2) $\dfrac{3x-2}{6}-\dfrac{2x-3}{9}$ 【愛知県】

(　　　　　　　　　)

3 **次の方程式を解きなさい。** [7点×2=14点]

(1) $1.3x+0.6=0.5x+3$ 【埼玉県】

(　　　　　　　　　)

(2) $\dfrac{5x-2}{4}=7$ 【秋田県】

(　　　　　　　　　)

4 縦の長さが x cm，横の長さが y cm の長方形があります。このとき，$2(x+y)$ は長方形のどんな数量を表しているか，書きなさい。【青森県】［6点］

（　　　　　　）

5 n を負の整数としたとき，計算結果がいつでも正の整数になる式を，次のア～エから1つ選び，記号を書きなさい。【長野県】［8点］

〔 ア　$5+n$　　イ　$5-n$　　ウ　$5\times n$　　エ　$5\div n$ 〕

（　　　）

6 Aさんが家から駅まで分速60mで歩いた場合と，分速50mで歩いた場合では，かかる時間に4分の差があります。Aさんの家から駅までの道のりは何mですか。［10点］

（　　　　　　）

7 ある商品に200円の利益を見込んで定価をつけました。この商品が定価の8割の値段で売れると52円の利益が得られます。この商品の原価を求めなさい。［10点］

（　　　　　　）

8 関数(かんすう) $y=\dfrac{16}{x}$ のグラフ上の点で，x 座標(ざひょう)と y 座標がともに整数である点は何個ありますか。【広島県】［10点］

（　　　　　）

9 y は x に比例(ひれい)し，$x=12$ のとき $y=-3$ です。$x=5$ のときの y の値(あたい)を求めなさい。

［10点］

（　　　　　　）

らくらく
＼マルつけ／

Ea-61

チャレンジテスト❷

／100点

答えと解き方➡別冊p.40

1 次の計算をしなさい。［8点×4＝32点］

(1) $6-(-3)^2\times 2$ 【大分県】

(　　　　　　)

(2) $(-2)^2\times 3+(-15)\div(-5)$ 【青森県】

(　　　　　　)

(3) $\frac{1}{3}a-\frac{5}{4}a$ 【滋賀県】

(　　　　　　)

(4) $\frac{3x+4}{2}-\frac{4x+1}{3}$

(　　　　　　)

2 $2023=7\times 17\times 17$である。2023をわり切ることができる自然数（しぜんすう）の中で，2023の次に大きな自然数を求めなさい。【長崎県】［10点］

(　　　　　　)

3 「1個あたりのエネルギーが20kcalのスナック菓子（がし）a個と，1個あたりのエネルギーが51kcalのチョコレート菓子b個のエネルギーの総和は180kcalより小さい」という数量の関係を，不等式で表しなさい。【山口県】［8点］

(　　　　　　)

4 絶対値(ぜったいち)が4以下の整数はいくつあるか，求めなさい。【和歌山県】［10点］

（　　　　　）

5 nを整数とするとき，次のア～エの式のうち，その値(あたい)がつねに3の倍数になるものはどれですか。1つ選び，記号を書きなさい。【大阪府】［10点］

〔 ア $\frac{1}{3}n$　イ $n+3$　ウ $2n+1$　エ $3n+6$ 〕

（　　　　　）

6 yはxに反比例(はんぴれい)し，$x=-6$のとき$y=2$です。$y=3$のときのxの値を求めなさい。

【兵庫県】［10点］

（　　　　　）

7 十の位の数が一の位の数の2倍である，2けたの自然数があります。この自然数の十の位の数と一の位の数を入れかえると，もとの自然数より27だけ小さくなるとき，もとの自然数を求めなさい。［10点］

（　　　　　）

8 生徒がある決まった数の班に分かれます。1つの班の人数を8人にしようとすると2人余り，9人にしようとすると最後の班は7人になります。生徒の人数を求めなさい。

［10点］

（　　　　　）

□ 編集協力　㈱オルタナプロ　山中綾子　山腰政喜
□ 本文デザイン　土屋裕子（㈲ウエイド）
□ コンテンツデザイン　㈲Y-Yard
□ 図版作成　㈲デザインスタジオエキス.

シグマベスト
アウトプット専用問題集
中１数学[数と式・関数]

編　者　文英堂編集部
発行者　益井英郎
印刷所　岩岡印刷株式会社
発行所　株式会社文英堂
〒601-8121　京都市南区上鳥羽大物町28
〒162-0832　東京都新宿区岩戸町17
（代表）03-3269-4231

●落丁・乱丁はおとりかえします。

ΣBEST シグマベスト

書いて定着

中1数学

数と式・関数

専用問題集

アウトプット

答えと解き方

文英堂

1 正の数と負の数　本冊 p.4

❶　(1) -4　(2) $+11$

❷　(1) -4.1，-9，$-\frac{12}{5}$　(2) 2，$+7$

❸　(1) -700　(2) -3　(3) -20

❹　(1) $+2$人　(2) -3人　(3) -2人

❺　(1) $+6$　(2) -14　(3) -2.2　(4) $+\frac{1}{9}$

❻　(1) $-\frac{7}{3}$，-4，-9.2

(2) $+16$，$\frac{2}{13}$，1.6，3　(3) $+16$，3

❼　(1) -3　(2) $+20$　(3) $+1.2$

❽　(1) -9℃　(2) $+6$℃　(3) -7℃

解き方

❶　**0より大きい数は＋，0より小さい数は－**を使って表します。

❷　(1)　負の数なので，符号(ふごう)が－である数を選びます。

(2)　自然数(しぜんすう)なので，正の整数を選びます。

❸　(1)　収入を＋で表しているので，－はその反対である支出を表します。

(2)　現在よりあとを＋で表しているので，－は現在より前を表します。

(3)　基準より多いことを＋で表しているので，－は基準より少ないことを表します。

❹　(1)　15人が基準なので，17人は+2人と表せます。

(2)　18人が基準なので，15人は－3人と表せます。

(3)　18人が基準なので，16人は－2人と表せます。

❺　**0より大きい数は＋，0より小さい数は－**を使って表します。

❻　(1)　負の数なので，符号が－である数を選びます。

(2)　0は正の数でも負の数でもないことに注意します。

(3)　自然数なので，正の整数を選びます。

❼　(1)　東に進むことを＋で表しているので，－はその反対である西に進むことを表します。

(2)　現在より前を－で表しているので，＋は現在よりあとを表します。

(3)　基準より軽いことを－で表しているので，＋は基準より重いことを表します。

❽　(1)　24℃が基準なので，15℃は－9℃と表せます。

(2)　16℃が基準なので，22℃は+6℃と表せます。

(3)　22℃が基準なので，15℃は－7℃と表せます。

2 数直線と数の大小・絶対値　本冊 p.6

❶　(1) A　-4　　B　-1　　C　$+3$

(2)　A ② B ① C ③

-5　0　$+5$

❷　(1) $+1<+5$　(2) $-3<-2$

(3) $-5<0<+7$　(4) $-9<-8<+1$

❸　(1) 12　(2) 5　(3) 84　(4) 4.9

(5) 0.8　(6) $\frac{2}{3}$

❹　(1) -6　(2) -3，$+3$

❺　(1) A　$+2$　　B　-8　　C　-2

(2)

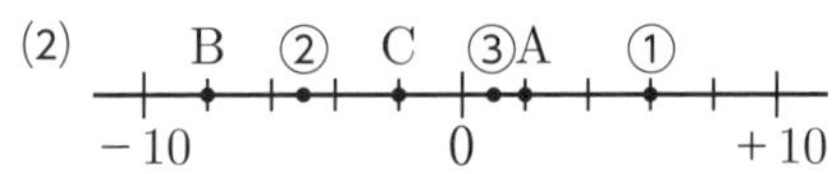

❻　(1) $-2<+4$　(2) $-5.2<-1.3$

(3) $-2<+3.4<+4.2$　(4) $-\frac{4}{5}<-\frac{1}{5}<0$

❼　(1) 3　(2) 0　(3) 2.8　(4) $\frac{4}{9}$　(5) $\frac{7}{10}$　(6) $\frac{8}{3}$

❽　(1) -9　(2) 1.4　(3) -2.5，$+2.5$

解き方

❶　(1)　原点(げんてん)から右に目もりが5進むと+5であることから，目もり1つ分の大きさは1です。

(2)　－2.5を表す点は－2と－3の中央の位置にしるします。

❷　数直線上で右にあるほど大きい数です。3つ以上の数を比べるときは，大きさの順に並べます。

❸　数直線上での原点からの距離(きょり)を答えます。

❹　(1)　符号(ふごう)にかかわらず，絶対値(ぜったいち)で比べます。

(2)　－3と+3はどちらも絶対値が3です。

❺ ⑴　原点から右に目もりが5進むと$+10$であることから，目もり1つ分の大きさは2です。

⑵　-5を表す点は-4と-6の中央の位置にしるします。

❻ **負の数は，絶対値が大きいほど小さい数**であることに注意します。

❼ 数直線上での原点からの距離を答えます。

❽ ⑴⑵　符号にかかわらず，絶対値で比べます。

⑶　-2.5と$+2.5$はどちらも絶対値が2.5です。

3 2つの数の加法

本冊 p.8

❶ ⑴ **+9**　⑵ **−5**　⑶ **−11**

❷ ⑴ **+2**　⑵ **0**　⑶ **−4**　⑷ **+1**

❸ ⑴ **+1.4**　⑵ $+\frac{1}{6}$

❹ ⑴ **−5**　⑵ **+11**　⑶ **−9**　⑷ **+13**

❺ ⑴ **+5**　⑵ **−2**　⑶ **+5**　⑷ **−10**　⑸ **+6**　⑹ **0**

❻ ⑴ **+3.3**　⑵ **+0.5**　⑶ $+\frac{5}{8}$　⑷ $-\frac{5}{12}$

解き方

❶ ⑴ $(+2)+(+7)=+(2+7)$
$=+9$

⑵ $(-4)+(-1)=-(4+1)$
$=-5$

⑶ $(-7)+(-4)=-(7+4)$
$=-11$

❷ ⑴ $(+4)+(-2)=+(4-2)$
$=+2$

⑵ $(-9)+(+9)=+(9-9)$
$=0$

⑶ $(+8)+(-12)=-(12-8)$
$=-4$

⑷ $(-5)+(+6)=+(6-5)$
$=+1$

❸ ⑴ $(+3.6)+(-2.2)=+(3.6-2.2)$
$=+1.4$

⑵ $\left(-\frac{2}{3}\right)+\left(+\frac{5}{6}\right)=+\left(\frac{5}{6}-\frac{4}{6}\right)$
$=+\frac{1}{6}$

❹ ⑴ $(-3)+(-2)=-(3+2)$
$=-5$

⑵ $(+6)+(+5)=+(6+5)$
$=+11$

⑶ $(-3)+(-6)=-(3+6)$
$=-9$

⑷ $(+4)+(+9)=+(4+9)$
$=+13$

❺ ⑴ $(-3)+(+8)=+(8-3)$
$=+5$

⑵ $(-5)+(+3)=-(5-3)$
$=-2$

⑶ $(+7)+(-2)=+(7-2)$
$=+5$

⑷ $(+3)+(-13)=-(13-3)$
$=-10$

⑸ $(-5)+(+11)=+(11-5)$
$=+6$

⑹ $(+11)+(-11)=+(11-11)$
$=0$

❻ ⑴ $(+5)+(-1.7)=+(5-1.7)$
$=+3.3$

⑵ $(-5.8)+(+6.3)=+(6.3-5.8)$
$=+0.5$

⑶ $\left(+\frac{3}{4}\right)+\left(-\frac{1}{8}\right)=+\left(\frac{6}{8}-\frac{1}{8}\right)$
$=+\frac{5}{8}$

⑷ $\left(-\frac{2}{3}\right)+\left(+\frac{1}{4}\right)=-\left(\frac{8}{12}-\frac{3}{12}\right)$
$=-\frac{5}{12}$

4 2つ以上の数の加法

本冊 p.10

❶ ⑴ **−4**　⑵ **−11**

❷ ⑴ **−6**　⑵ **+3**　⑶ **+15**　⑷ **−1**　⑸ **+10**　⑹ **+9.1**

❸ ⑴ **−8**　⑵ **−4.5**

❹ ⑴ **0**　⑵ **+8**　⑶ **+13**　⑷ **−2**　⑸ **+14**　⑹ **+6**　⑺ **+10**

解き方

❶ (1)　$0+(-4)=-4$

(2)　$(-11)+0=-11$

❷ (1)　$(+2)+(-2)+(-6)$

$=\{(+2)+(-2)\}+(-6)$

$=0+(-6)$

$=-6$

(2)　$(-8)+(+3)+(+8)$

$=\{(-8)+(+8)\}+(+3)$

$=0+(+3)$

$=+3$

(3)　$(+12)+(+5)+(-2)$

$=\{(+12)+(-2)\}+(+5)$

$=(+10)+(+5)$

$=+15$

(4)　$(+4)+(+5)+(-3)+(-7)$

$=\{(+4)+(+5)\}+\{(-3)+(-7)\}$

$=(+9)+(-10)$

$=-1$

(5)　$(-2)+(+6)+(-3)+(+9)$

$=\{(+6)+(+9)\}+\{(-2)+(-3)\}$

$=(+15)+(-5)$

$=+10$

(6)　$(+8.4)+(-1.3)+(-5)+(+7)$

$=\{(+8.4)+(+7)\}+\{(-1.3)+(-5)\}$

$=(+15.4)+(-6.3)$

$=+9.1$

❸ (1)　$(-8)+0=-8$

(2)　$0+(-4.5)=-4.5$

❹ (1)　$(-4)+(-4)+(+8)$

$=\{(-4)+(-4)\}+(+8)$

$=(-8)+(+8)$

$=0$

(2)　$(+9)+(+8)+(-9)$

$=\{(+9)+(-9)\}+(+8)$

$=0+(+8)$

$=+8$

(3)　$(+8.2)+(+3)+(+1.8)$

$=\{(+8.2)+(+1.8)\}+(+3)$

$=(+10)+(+3)$

$=+13$

(4)　$(+6)+(+1)+(-4)+(-5)$

$=\{(+6)+(+1)\}+\{(-4)+(-5)\}$

$=(+7)+(-9)$

$=-2$

(5)　$(-3)+(+8)+(+11)+(-2)$

$=\{(+8)+(+11)\}+\{(-3)+(-2)\}$

$=(+19)+(-5)$

$=+14$

(6)　$(-5)+(+9)+(-1)+(+3)$

$=\{(+9)+(+3)\}+\{(-5)+(-1)\}$

$=(+12)+(-6)$

$=+6$

(7)　$(+3.5)+(-4.6)+(+16.5)+(-5.4)$

$=\{(+3.5)+(+16.5)\}+\{(-4.6)+$
$(-5.4)\}$

$=(+20)+(-10)$

$=+10$

5 2つの数の減法

本冊 p.12

❶ (1)$\mathbf{-1}$　(2)$\mathbf{-6}$　(3)$\mathbf{-7}$　(4)$\mathbf{+2.3}$
(5)$\mathbf{+1}$　(6)$\mathbf{+\frac{4}{5}}$　(7)$\mathbf{-\frac{13}{12}}$

❷ (1)$\mathbf{+2}$　(2)$\mathbf{-8}$

❸ (1)$\mathbf{+2}$　(2)$\mathbf{+5}$　(3)$\mathbf{-14}$　(4)$\mathbf{+8}$
(5)$\mathbf{-8}$　(6)$\mathbf{-5.1}$　(7)$\mathbf{+8.8}$　(8)$\mathbf{-3.1}$
(9)$\mathbf{+\frac{3}{7}}$　(10)$\mathbf{+\frac{1}{36}}$

❹ (1)$\mathbf{-4}$　(2)$\mathbf{+11}$　(3)$\mathbf{-9}$　(4)$\mathbf{-14}$

解き方

❶ (1)　$(+3)-(+4)=(+3)+(-4)$
$=-1$

(2)　$(-9)-(-3)=(-9)+(+3)$
$=-6$

(3)　$(-5)-(+2)=(-5)+(-2)$
$=-7$

(4)　$(+5.7)-(+3.4)=(+5.7)+(-3.4)$
$=+2.3$

(5)　$(-4.4)-(-5.4)=(-4.4)+(+5.4)$
$=+1$

(6) $\left(+\frac{3}{5}\right)-\left(-\frac{1}{5}\right)=\left(+\frac{3}{5}\right)+\left(+\frac{1}{5}\right)$

$=+\frac{4}{5}$

(7) $\left(-\frac{5}{12}\right)-\left(+\frac{2}{3}\right)=\left(-\frac{5}{12}\right)+\left(-\frac{8}{12}\right)$

$=-\frac{13}{12}$

❷ (1) $0-(-2)=0+(+2)$

$=+2$

(2) $0-(+8)=0+(-8)$

$=-8$

❸ (1) $(+7)-(+5)=(+7)+(-5)$

$=+2$

(2) $(-4)-(-9)=(-4)+(+9)$

$=+5$

(3) $(-8)-(+6)=(-8)+(-6)$

$=-14$

(4) $(+5)-(-3)=(+5)+(+3)$

$=+8$

(5) $(+3)-(+11)=(+3)+(-11)$

$=-8$

(6) $(+3.6)-(+8.7)=(+3.6)+(-8.7)$

$=-5.1$

(7) $(+2.5)-(-6.3)=(+2.5)+(+6.3)$

$=+8.8$

(8) $(-6.4)-(-3.3)=(-6.4)+(+3.3)$

$=-3.1$

(9) $\left(-\frac{2}{7}\right)-\left(-\frac{5}{7}\right)=\left(-\frac{2}{7}\right)+\left(+\frac{5}{7}\right)$

$=+\frac{3}{7}$

(10) $\left(+\frac{1}{4}\right)-\left(+\frac{2}{9}\right)=\left(+\frac{9}{36}\right)+\left(-\frac{8}{36}\right)$

$=+\frac{1}{36}$

❹ (1) $0-(+4)=0+(-4)$

$=-4$

(2) $0-(-11)=0+(+11)$

$=+11$

(3) $(-9)-0=-9$

(4) $(-14)-0=-14$

6 加法と減法の混じった計算❶ 本冊 p.14

❶ (1) $(+3)+(-1)$ (2) $(-8)+(+4)$

(3) $(-11)+(-2)$

(4) $(-9)+(+4)+(-1)$

❷ (1) -4, $+1$ (2) $+9$, -12

(3) $+6$, -7, $+3$ (4) -0.4, -1.5, $+2$

(5) $+\frac{1}{3}$, $+\frac{3}{5}$, $-\frac{3}{4}$

(6) $+2$, -3, -13, $+5$

❸ (1) $(-2)+(-9)$ (2) $(+3)+(-14)$

(3) $(-7)+(+2)$

(4) $(-6)+(-8)+(-4)$

(5) $(-4)+(-9)+(+2)$

❹ (1) $+5$, -2 (2) -14, $+4$

(3) -7, -3, $+8$ (4) $+2.3$, $+1.6$, -4.5

(5) $+\frac{2}{5}$, $-\frac{3}{8}$, $+\frac{3}{2}$

(6) -4, -10, -1, $+5$

解き方

❶ (1) $3-1=(+3)-(+1)$

$=(+3)+(-1)$

(2) $-8+4=(-8)+(+4)$

(3) $-11-2=(-11)-(+2)$

$=(-11)+(-2)$

(4) $-9+4-1=(-9)+(+4)-(+1)$

$=(-9)+(+4)+(-1)$

❷ (1) $-4+1=(-4)+(+1)$

(2) $9-12=(+9)+(-12)$

(3) $6-7+3=(+6)+(-7)+(+3)$

(4) $-0.4-1.5+2$

$=(-0.4)+(-1.5)+(+2)$

(5) $\frac{1}{3}+\frac{3}{5}-\frac{3}{4}=\left(+\frac{1}{3}\right)+\left(+\frac{3}{5}\right)+\left(-\frac{3}{4}\right)$

(6) $2-3-13+5$

$=(+2)+(-3)+(-13)+(+5)$

❸ (1) $-2-9=(-2)-(+9)$

$=(-2)+(-9)$

(2) $3-14=(+3)-(+14)$

$=(+3)+(-14)$

(3) $-7+2=(-7)+(+2)$

(4)　$-6-8-4=(-6)-(+8)-(+4)$

$=(-6)+(-8)+(-4)$

(5)　$-4-9+2=(-4)-(+9)+(+2)$

$=(-4)+(-9)+(+2)$

❹ (1)　$5-2=(+5)+(-2)$

(2)　$-14+4=(-14)+(+4)$

(3)　$-7-3+8=(-7)+(-3)+(+8)$

(4)　$2.3+1.6-4.5$

$=(+2.3)+(+1.6)+(-4.5)$

(5)　$\frac{2}{5}-\frac{3}{8}+\frac{3}{2}=\left(+\frac{2}{5}\right)+\left(-\frac{3}{8}\right)+\left(+\frac{3}{2}\right)$

(6)　$-4-10-1+5$

$=(-4)+(-10)+(-1)+(+5)$

7 加法と減法の混じった計算❷ 本冊 p.16

❶　(1)**$2-7$**　(2)**$-6-12$**　(3)**$-9+4$**

❷　(1)**6**　(2)**-10**　(3)**4**　(4)**2.7**

(5)**0**　(6)**8**　(7)**$\frac{7}{8}$**

❸　(1)**$-4+5$**　(2)**$1.5-2$**　(3)**$10+12$**

(4)**$-8+6$**　(5)**$-7+2.5$**　(6)**$11-3$**

❹　(1)**11**　(2)**-9**　(3)**9**　(4)**-3**

(5)**-14**　(6)**-6**　(7)**$-\frac{1}{12}$**　(8)**$\frac{5}{18}$**

解き方

❶ (1)　$(+2)+(-7)=2-7$

(2)　$(-6)-(+12)=(-6)+(-12)$

$=-6-12$

(3)　$(-9)-(-4)=(-9)+(+4)$

$=-9+4$

❷ (1)　$3-4+7=10-4$

$=6$

(2)　$-5+2-7=2-12$

$=-10$

(3)　$-4-(-2)+6=-4+2+6$

$=8-4$

$=4$

(4)　$1.5-2.3+3.5=5-2.3$

$=2.7$

(5)　$4-9+7-2=11-11$

$=0$

(6)　$-6-2+13-(-3)=-6-2+13+3$

$=16-8$

$=8$

(7)　$\frac{5}{8}-\frac{1}{4}+\frac{1}{2}=\frac{5}{8}-\frac{2}{8}+\frac{4}{8}$

$=\frac{7}{8}$

❸ (1)　$(-4)+(+5)=-4+5$

(2)　$(+1.5)-(+2)=(+1.5)+(-2)$

$=1.5-2$

(3)　$(+10)-(-12)=(+10)+(+12)$

$=10+12$

(4)　$(-8)-(-6)=(-8)+(+6)$

$=-8+6$

(5)　$(-7)+(+2.5)=-7+2.5$

(6)　$(+11)-(+3)=(+11)+(-3)$

$=11-3$

❹ (1)　$8-2+5=13-2$

$=11$

(2)　$2-7-4=2-11$

$=-9$

(3)　$5-2-(-6)=5-2+6$

$=11-2$

$=9$

(4)　$-4.8+3-1.2=3-6$

$=-3$

(5)　$-3+2-8-5=2-16$

$=-14$

(6)　$-5-(+2)-(-4)-3=-5-2+4-3$

$=4-10$

$=-6$

(7)　$-\frac{3}{4}+\frac{1}{6}+\frac{1}{2}=-\frac{9}{12}+\frac{2}{12}+\frac{6}{12}$

$=-\frac{1}{12}$

(8)　$\frac{1}{3}-\frac{5}{6}+\frac{7}{9}=\frac{6}{18}-\frac{15}{18}+\frac{14}{18}$

$=\frac{5}{18}$

8 2つの数の乗法

本冊 p.18

❶ (1)**12** (2)**15** (3)**36**

❷ (1)**−12** (2)**−25** (3)**−16** (4)**−24**

❸ (1)**−4** (2)**7** (3)**0**

❹ (1)**18** (2)**35** (3)**22** (4)**27** (5)**32** (6)**56**

❺ (1)**−16** (2)**−30** (3)**−42** (4)**−39** (5)**−24** (6)**−48**

❻ (1)**−8** (2)**3** (3)**0** (4)**6**

解き方

❶ (1) $(+2)\times(+6)=+(2\times6)$
$=12$

(2) $(-3)\times(-5)=+(3\times5)$
$=15$

(3) $(-9)\times(-4)=+(9\times4)$
$=36$

❷ (1) $(+3)\times(-4)=-(3\times4)$
$=-12$

(2) $(-5)\times(+5)=-(5\times5)$
$=-25$

(3) $(+8)\times(-2)=-(8\times2)$
$=-16$

(4) $(-6)\times(+4)=-(6\times4)$
$=-24$

❸ (1) $(-1)\times(+4)=-(1\times4)$
$=-4$

(2) $(-7)\times(-1)=+(7\times1)$
$=7$

(3) $(+9)\times0=0$

❹ (1) $(-6)\times(-3)=+(6\times3)$
$=18$

(2) $(+7)\times(+5)=+(7\times5)$
$=35$

(3) $(-2)\times(-11)=+(2\times11)$
$=22$

(4) $(+3)\times(+9)=+(3\times9)$
$=27$

(5) $(+4)\times(+8)=+(4\times8)$
$=32$

(6) $(-8)\times(-7)=+(8\times7)$
$=56$

❺ (1) $(-4)\times(+4)=-(4\times4)$
$=-16$

(2) $(+6)\times(-5)=-(6\times5)$
$=-30$

(3) $(-7)\times(+6)=-(7\times6)$
$=-42$

(4) $(+3)\times(-13)=-(3\times13)$
$=-39$

(5) $(+8)\times(-3)=-(8\times3)$
$=-24$

(6) $(-12)\times(+4)=-(12\times4)$
$=-48$

❻ (1) $(+8)\times(-1)=-(8\times1)$
$=-8$

(2) $(-1)\times(-3)=+(1\times3)$
$=3$

(3) $0\times(-5)=0$

(4) $(-6)\times(-1)=+(6\times1)$
$=6$

9 3数以上の乗法

本冊 p.20

❶ (1)**−60** (2)**24** (3)**−140** (4)**−300** (5)**45** (6)**18**

❷ (1)**4** (2)**−16** (3)**63** (4)**50**

❸ (1)**−36** (2)**90** (3)**−420** (4)**99** (5)**−28** (6)**39**

❹ (1)**−49** (2)**64** (3)**−75** (4)**36** (5)**−72**

解き方

❶ (1) $2\times5\times(-6)=-(2\times5\times6)$
$=-60$

(2) $(-3)\times(-4)\times2=+(3\times4\times2)$
$=24$

(3) $(-4)\times(-5)\times(-7)=-(4\times5\times7)$
$=-140$

(4)　$(-25)\times3\times4=-(25\times4\times3)$

$=-300$

(5)　$18\times(-5)\times(-0.5)=+(18\times0.5\times5)$

$=45$

(6)　$(-16)\times(-9)\times\frac{1}{8}=+\left(16\times\frac{1}{8}\times9\right)$

$=18$

❷ (1)　$(-2)^2=(-2)\times(-2)=4$

(2)　$-4^2=-(4\times4)=-16$

(3)　$(-3)^2\times7=(-3)\times(-3)\times7$

$=+(3\times3\times7)$

$=63$

(4)　$-5^2\times(-2)=-(5\times5)\times(-2)$

$=+(5\times5\times2)$

$=50$

❸ (1)　$3\times(-6)\times2=-(3\times6\times2)$

$=-36$

(2)　$(-6)\times5\times(-3)=+(6\times5\times3)$

$=90$

(3)　$(-15)\times(-7)\times(-4)=-(15\times4\times7)$

$=-420$

(4)　$(-5.5)\times9\times(-2)=+(5.5\times2\times9)$

$=99$

(5)　$(-20)\times(-7)\times(-0.2)$

$=-(20\times0.2\times7)$

$=-28$

(6)　$\frac{1}{12}\times(-13)\times(-36)=+\left(\frac{1}{12}\times36\times13\right)$

$=39$

❹ (1)　$-7^2=-(7\times7)=-49$

(2)　$(-8)^2=(-8)\times(-8)=64$

(3)　$(-3)\times(-5)^2=(-3)\times(-5)\times(-5)$

$=-(3\times5\times5)$

$=-75$

(4)　$(2\times3)^2=6^2=36$

(5)　$3^2\times(-8)=(3\times3)\times(-8)$

$=-72$

10 2つの数の除法

本冊 p.22

❶ (1)**2**　(2)**7**　(3)**5**　(4)**4**

❷ (1)**−2**　(2)**−4**　(3)**−3**　(4)**−4**

❸ (1)**0**　(2)**0**

❹ (1)**5**　(2)**9**　(3)**3**　(4)**4**　(5)**2**　(6)**8**

❺ (1)**−5**　(2)**−11**　(3)**−6**　(4)**−5**
(5)**−12**　(6)**−6**

❻ (1)**0**　(2)**0**

解き方

❶ (1)　$(+12)\div(+6)=+(12\div6)$

$=2$

(2)　$(-21)\div(-3)=+(21\div3)$

$=7$

(3)　$(-20)\div(-4)=+(20\div4)$

$=5$

(4)　$(+36)\div(+9)=+(36\div9)$

$=4$

❷ (1)　$(+16)\div(-8)=-(16\div8)$

$=-2$

(2)　$(-24)\div(+6)=-(24\div6)$

$=-4$

(3)　$(+36)\div(-12)=-(36\div12)$

$=-3$

(4)　$(-52)\div(+13)=-(52\div13)$

$=-4$

❸ (1)　$0\div(+5)=0$

(2)　$0\div(-3)=0$

❹ (1)　$(-10)\div(-2)=+(10\div2)$

$=5$

(2)　$(+45)\div(+5)=+(45\div5)$

$=9$

(3)　$(-12)\div(-4)=+(12\div4)$

$=3$

(4)　$(-56)\div(-14)=+(56\div14)$

$=4$

(5)　$(+26)\div(+13)=+(26\div13)$

$=2$

(6) $(-64)\div(-8)=+(64\div8)$
$=8$

❺ (1) $(-35)\div(+7)=-(35\div7)$
$=-5$

(2) $(+33)\div(-3)=-(33\div3)$
$=-11$

(3) $(+18)\div(-3)=-(18\div3)$
$=-6$

(4) $(-105)\div(+21)=-(105\div21)$
$=-5$

(5) $(+84)\div(-7)=-(84\div7)$
$=-12$

(6) $(-54)\div(+9)=-(54\div9)$
$=-6$

❻ (1) $0\div(-10)=0$

(2) $0\div(+2)=0$

11 逆数，乗法と除法の混じった計算 本冊 p.24

❶ (1) $-\frac{1}{3}$ (2) $-\frac{5}{4}$

❷ (1) -6 (2) $\frac{7}{30}$ (3) $\frac{27}{16}$ (4) $-\frac{5}{6}$
(5) -14 (6) $-\frac{7}{36}$

❸ (1) $-\frac{1}{8}$ (2) $-\frac{9}{13}$

❹ (1) $-\frac{1}{15}$ (2) $\frac{3}{13}$ (3) $\frac{20}{3}$ (4) $-\frac{7}{4}$
(5) 2 (6) $-\frac{15}{4}$ (7) $-\frac{2}{9}$

解き方

❶ それぞれの数との積が1になる数を答えます。

(1) $(-3)\times\left(-\frac{1}{3}\right)=1$

(2) $\left(-\frac{4}{5}\right)\times\left(-\frac{5}{4}\right)=1$

❷ (1) $8\div\left(-\frac{4}{3}\right)=8\times\left(-\frac{3}{4}\right)$
$=-6$

(2) $\left(-\frac{7}{5}\right)\div(-6)=\left(-\frac{7}{5}\right)\times\left(-\frac{1}{6}\right)$
$=\frac{7}{30}$

(3) $\left(-\frac{3}{8}\right)\div\left(-\frac{2}{9}\right)=\left(-\frac{3}{8}\right)\times\left(-\frac{9}{2}\right)$
$=\frac{27}{16}$

(4) $\left(-\frac{5}{9}\right)\div\frac{2}{3}=\left(-\frac{5}{9}\right)\times\frac{3}{2}$
$=-\frac{5}{6}$

(5) $7\times8\div(-4)=7\times8\times\left(-\frac{1}{4}\right)$
$=-14$

(6) $\left(-\frac{1}{4}\right)\times\frac{2}{3}\div\frac{6}{7}=\left(-\frac{1}{4}\right)\times\frac{2}{3}\times\frac{7}{6}$
$=-\frac{7}{36}$

❸ (1) $(-8)\times\left(-\frac{1}{8}\right)=1$

(2) $\left(-\frac{13}{9}\right)\times\left(-\frac{9}{13}\right)=1$

❹ (1) $\frac{3}{5}\div(-9)=\frac{3}{5}\times\left(-\frac{1}{9}\right)$
$=-\frac{1}{15}$

(2) $\left(-\frac{12}{13}\right)\div(-4)=\left(-\frac{12}{13}\right)\times\left(-\frac{1}{4}\right)$
$=\frac{3}{13}$

(3) $\left(-\frac{5}{2}\right)\div\left(-\frac{3}{8}\right)=\left(-\frac{5}{2}\right)\times\left(-\frac{8}{3}\right)$
$=\frac{20}{3}$

(4) $\frac{7}{6}\div\left(-\frac{2}{3}\right)=\frac{7}{6}\times\left(-\frac{3}{2}\right)$
$=-\frac{7}{4}$

(5) $(-4)\times3^2\div(-18)=(-4)\times9\times\left(-\frac{1}{18}\right)$
$=2$

(6) $5\times(-3)\div(-2)^2=5\times(-3)\div4$
$=-\frac{15}{4}$

(7) $\left(-\frac{2}{7}\right)\div\left(-\frac{3}{14}\right)\times\left(-\frac{1}{6}\right)$
$=\left(-\frac{2}{7}\right)\times\left(-\frac{14}{3}\right)\times\left(-\frac{1}{6}\right)$
$=-\frac{2}{9}$

⑫ 四則の混じった計算 本冊 p.26

❶ (1)**2** (2)**−8** (3)**20** (4)**60**
(5)**−3** (6)**12** (7)**−13**

❷ (1)**24** (2)**−1584**

❸ (1)**−3** (2)**13** (3)**7** (4)**−100**
(5)**−2** (6)**10** (7)**11**

❹ (1)**14** (2)**−2266** (3)**−360**

解き方

❶ (1) $8+(-3)\times 2=8+(-6)$
$=2$

(2) $(-6)\div 2-5=-3-5$
$=-8$

(3) $(-2)\times 6+4\times 8=-12+32$
$=20$

(4) $12\times(6-1)=12\times 5$
$=60$

(5) $(4-13)\div 3=-9\div 3$
$=-3$

(6) $7+20\div(-2)^2=7+20\div 4$
$=7+5$
$=12$

(7) $27\div(-1+4)^2-4^2=27\div 9-16$
$=3-16$
$=-13$

❷ (1) $\left(\frac{1}{12}-\frac{3}{4}\right)\times(-36)$
$=\frac{1}{12}\times(-36)-\frac{3}{4}\times(-36)$
$=-3+27$
$=24$

(2) $99\times(-16)=(100-1)\times(-16)$
$=100\times(-16)-1\times(-16)$
$=-1600+16$
$=-1584$

❸ (1) $14\div(-2)+4=-7+4$
$=-3$

(2) $-2-(-5)\times 3=-2-(-15)$
$=13$

(3) $3\times 9-(-4)\times(-5)=27-20$
$=7$

(4) $-4\times(17+8)=-4\times 25$
$=-100$

(5) $16\div(2-10)=16\div(-8)$
$=-2$

(6) $-18\div(-3)^2+12=-18\div 9+12$
$=-2+12$
$=10$

(7) $5^2-14\div(-3+2)^2=25-14\div 1$
$=25-14$
$=11$

❹ (1) $(-45)\times\left(\frac{2}{15}-\frac{4}{9}\right)$
$=-45\times\frac{2}{15}-45\times\left(-\frac{4}{9}\right)$
$=-6+20$
$=14$

(2) $(-22)\times 103=(-22)\times(100+3)$
$=-22\times 100-22\times 3$
$=-2200-66$
$=-2266$

(3) $-8\times 18-12\times 18=(-8-12)\times 18$
$=-20\times 18$
$=-360$

⑬ 数の範囲と四則，素数 本冊 p.28

❶ (1)**−3.2，$\frac{2}{3}$** (2)**−6，0**

❷ (1)○ (2)× (3)○ (4)×

❸ **2，3，5，7**

❹ (1)**−9，−7.5，$-\frac{5}{4}$** (2)**−9**

❺ (1)○ (2)○ (3)○ (4)× (5)○ (6)×

❻ **11，13，17，19**

解き方

❶ (1) 整数にふくまれるのは，4，−6，0，15であるから，それ以外の数を答えます。

(2) 整数である4，−6，0，15のうち，自然数(しぜんすう)にふくまれるのは4，15，ふくまれないのは−6，0です。

❷ (1) いつでも自然数になります。

(2) 1−2のように自然数にならない場合があります。

(3) いつでも自然数になります。

(4) 1÷2のように自然数にならない場合があります。

❸ 1とその数自身しか約数をもたない数を答えます。**1は素数(そすう)でない**ことに注意します。

❹ (1) 自然数にふくまれるのは，3，1，5であるから，それ以外の数を答えます。

(2) 整数である−9，3，1，5のうち，自然数にふくまれるのは3，1，5，ふくまれないのは−9です。

❺ (1) いつでも整数になります。

(2) いつでも整数になります。

(3) いつでも整数になります。

(4) 1÷2のように整数にならない場合があります。

(5) いつでも整数になります。

(6) 1÷2のように整数にならない場合があります。

❻ 1とその数自身しか約数をもたない数を答えます。

14 素因数分解

本冊 p.30

❶ (1)**2×5** (2)**3×7** (3)**2^2×3**
(4)**3^2×5** (5)**2×3^2×7** (6)**2^2×3×5^2**

❷ (1)**2×5×7**
(2)**1，2，5，7，10，14，35，70**

❸ (1)**2×7** (2)**3×11** (3) **2×5^2**
(4)**3^2×7** (5)**2^2×5×7** (6)**2^2×3×13**

❹ (1)**3^2×11** (2)**1，3，9，11，33，99**

解き方

❶ (1) 10＝2×5

(2) 21＝3×7

(3) 12＝2×2×3
＝2^2×3

(4) 45＝3×3×5
＝3^2×5

(5) 126＝2×3×3×7
＝2×3^2×7

(6) 300＝2×2×3×5×5
＝2^2×3×5^2

❷ (1) 70＝2×5×7

(2) 1，70，および2，5，7と，2×5=10，2×7=14，5×7=35が70の約数です。

❸ (1) 14＝2×7

(2) 33＝3×11

(3) 50＝2×5×5
＝2×5^2

(4) 63＝3×3×7
＝3^2×7

(5) 140＝2×2×5×7
＝2^2×5×7

(6) 156＝2×2×3×13
＝2^2×3×13

❹ (1) 99＝3×3×11
＝3^2×11

(2) 1，99，および3，11と，3×3=9，3×11=33が99の約数です。

15 正負の数の利用

本冊 p.32

❶ (1)**75点** (2)**−5** (3)**78**
❷ (1)**154cm** (2)**154cm**
❸ (1)**16分** (2)**−6** (3)**13**
❹ (1)**197人** (2)**197人**

解き方

❶ (1) Aさんの得点は80点で，これが平均点より5点高いから，平均点は80−5=75(点)

(2) 75点を基準としたときの70点を表した数だから，−5

(3) 75点を基準として+3点だから，78点

❷ (1) (＋5＋2＋3＋1＋9)÷5＝4
150＋4＝154(cm)

(2) (0−3−2−4＋4)÷5＝−1
155−1＝154(cm)

❸ (1) Bさんの通学時間は18分で，これが平均より2分長いから，平均は$18-2=16$(分)

(2) 16分を基準としたときの10分を表した数だから，-6

(3) 16分を基準として-3分だから，13分

❹ (1) $(+4+17-7+7+14)\div5=7$

$190+7=197$(人)

(2) $(-6+7-17-3+4)\div5=-3$

$200-3=197$(人)

16 まとめのテスト❶ 本冊 p.34

❶ (1)$-2<-1.7<2$ (2)$-0.3<0.4<0.7$

(3)$0<\frac{4}{3}<1.5$ (4)$-1.3<-1<-\frac{2}{3}$

❷ (1)**3，12**

(2)$12,\ -10.4,\ -7,\ 3,\ 0.8,\ -\frac{2}{5}$

❸ (1)**16** (2)-4.3 (3)**5** (4)$-\frac{5}{8}$ (5)$-\frac{3}{8}$

❹ (1)-30 (2)$\frac{27}{25}$ (3)-18

❺ (1)**47** (2)**15** (3)$\frac{11}{8}$

❻ (1)$2^2\times3\times7$ (2)$2\times3\times5\times11$

❼ **241点**

解き方

❶ (1) 負の数は，絶対値(ぜったいち)が大きいほど小さくなります。

(3) 小数と分数の大きさは，小数を分数になおすか，分数を小数になおすことで比べられます。

❷ (1) 自然数(しぜんすう)なので，正の整数を選びます。

(2) 符号(ふごう)にかかわらず，絶対値のみを比べます。

❸ (1) $(+15)-(-2)+5-6=15+2+5-6$

$=16$

(2) $-3.4+0.6-1.5=0.6-4.9$

$=-4.3$

(3) $5.7-(-2.5)-3.2=5.7+2.5-3.2$

$=5$

(4) $\frac{5}{8}-\frac{3}{2}-\left(-\frac{1}{4}\right)=\frac{5}{8}-\frac{12}{8}+\frac{2}{8}$

$=-\frac{5}{8}$

(5) $-\frac{5}{6}-\left(-\frac{1}{12}\right)+\frac{3}{8}=-\frac{20}{24}+\frac{2}{24}+\frac{9}{24}$

$=-\frac{9}{24}=-\frac{3}{8}$

❹ (1) $-3\times(-4)\div(-2)\times5=-(3\times4\div2\times5)$

$=-30$

(2) $\frac{3}{4}\times\left(-\frac{3}{5}\right)\div\left(-\frac{5}{12}\right)=\frac{3}{4}\times\frac{3}{5}\times\frac{12}{5}$

$=\frac{27}{25}$

(3) $4^2\div(-2)^3\times3^2=16\div(-8)\times9=-18$

❺ (1) $4\times(-2)+(-5)\times(-11)=-8+55$

$=47$

(2) $(-13+7)\div(-2)\times(-3+8)=-6\div(-2)\times5$

$=15$

(3) $-3\times\left(-\frac{1}{4}\right)-\left(-\frac{5}{8}\right)=\frac{3}{4}+\frac{5}{8}$

$=\frac{11}{8}$

❻ (1) $84=2\times2\times3\times7=2^2\times3\times7$

(2) $330=2\times3\times5\times11$

❼ **240点を基準**にすると5人の得点は，-2点，$+5$点，$+2$点，$+8$点，-8点となり，これらの平均は$+1$点です。よって，$240+1=241$(点)

17 文字の使用 本冊 p.36

❶ (1)ア $80\times x$(円) イ $y-120$(円)

ウ $a\times a$(cm^2) エ $t+2$(℃)

オ $x\div5$(L)

(2)ア，イ (3)エ (4)ウ，エ，オ

❷ (1)ア $1200-x$(m) イ $y\times4$(枚)

ウ $a\times4$(cm) エ $x\div10$(m)

オ $t+10$(℃)

(2)イ (3)オ (4)ア，ウ，エ，オ

❸ (1)$a\times2+b\times3$(円) (2)$c-a\times4$(円)

解き方

❶ (1)ア 1本の値段×本数より，$80\times x$(円)

イ おつりなので，出した金額から代金をひいて，$y-120$(円)

ウ 正方形の面積なので，1辺の長さ×1辺の長さより，$a\times a$(cm^2)

エ　2月より2℃高いので，$t+2$(℃)

オ　5人に分けるので，$x\div5$(L)

(2)　個数や金額は0または自然数です。

(3)　気温は負の数になることがあります。

(4)　長さや気温，体積は小数になることがあります。

❷ (1)ア　x m歩いた残りの道のりは，$1200-x$(m)

イ　1人あたりにy枚配るので，$y\times4$(枚)

ウ　正方形の周の長さなので，1辺の長さ×4より，$a\times4$(cm)

エ　10人に同じ長さずつ分けるので，$x\div10$(m)

オ　t℃から10℃上がったので，$t+10$(℃)

(2)　個数なので0または自然数です。

(3)　温度は負の数になることがあります。

(4)　長さや温度は小数になることがあります。

❸ (1)　ノート2冊の代金$a\times2$(円)とボールペン3本の代金$b\times3$(円)をたして，$a\times2+b\times3$(円)

(2)　ノート4冊の代金$a\times4$(円)をc円からひいて，$c-a\times4$(円)

18 積の表し方 本冊 p.38

❶ (1)xy　(2)$6a$　(3)$3(x-4)$　(4)$8abc$　(5)$\frac{3}{2}y$　(6)$-\frac{3}{4}x$　(7)a　(8)$-1.3b$　(9)$-4ab$

❷ (1)$12x$　(2)$0.6b$　(3)$9(x+y)$　(4)$\frac{4}{5}xy$　(5)$-4(a-b)$　(6)$-3xy$　(7)$9ax$　(8)$-b$　(9)$-2.5c$　(10)$-\frac{2}{5}y$　(11)$-7xy$　(12)$-\frac{3}{10}ax$　(13)$-3.6ab$　(14)$-\frac{2}{9}xy$

解き方

❶　×の記号は省略し，**数は文字の前に書きます**。数が負の数であっても同様です。

(3)　かっこの式と数の積では，数をかっこの前に書きます。

(7)　文字の前の1は省略します。

❷ (12)(14)　文字が2種類以上あるときは，ふつうアルファベット順に書きます。

19 累乗の表し方，商の表し方 本冊 p.40

❶ (1)x^3　(2)$9a^2$　(3)$4x^2y$　(4)$7a^2b^2$

❷ (1)$\frac{x}{7}$　(2)$\frac{5a}{4}$　(3)$\frac{x-3}{8}$　(4)$-\frac{a}{5}$

❸ (1)$5x^2$　(2)$10a^2b$　(3)$3ab^2$　(4)$2x^2y^3$

❹ (1)$\frac{b}{12}$　(2)$\frac{8y}{3}$　(3)$\frac{x+8}{5}$　(4)$-\frac{a}{9}$　(5)$\frac{x-y}{3}$　(6)$-\frac{4x}{7}$　(7)$\frac{a+3}{9}$　(8)$-\frac{5x}{4}$

解き方

❶　同じ文字どうしの積は，**累乗の指数を使って表します**。数は文字の前に書きます。

❷　÷の記号は使わず，分数の形で書きます。

(3)　かっこの式が分子になるときは，かっこはふつう省略します。

(4)　－の符号はふつう分母に書かずに分数の前に書きます。

❸　同じ文字どうしの積は，累乗の指数を使って表します。数は文字の前に書きます。

❹　÷の記号は使わず，分数の形で書きます。

20 複雑な式の表し方と文字式の意味 本冊 p.42

❶ (1)$-3a+6b$　(2)$\frac{x}{4}-y^2$　(3)$\frac{x+2}{5}-3y$　(4)$4(a+2)+\frac{b-2}{3}$

❷ (1)$3\times x$　(2)$a\div10$　(3)$-3\times a\times a\times b$　(4)$(x-y)\div5$

❸ (1)$50-10a$　(2)$0.5a-bc$　(3)$-\frac{x}{6}-7y$　(4)$4y-\frac{x-5}{6}$　(5)$\frac{a+5}{100}-10(b+3)$

❹ (1)$1.8\times a$　(2)$5\times x\div16$　(3)$5\times a\times b\times b\times b$　(4)$(2\times x+y)\div8$　(5)$2\times a-b\times b$

解き方

❶　＋や－の記号は省略せず，積や商は文字式の表

し方にしたがって表します。

❷ 省略されている×や÷の記号を使って式を表します。

(4) 分子の式にかっこをつけずに$x-y\div5$とすると，別の式を表すことになります。

❸ ＋や－の記号は省略せず，積や商は文字式の表し方にしたがって表します。

❹ 省略されている×や÷の記号を使って式を表します。

21 数量の表し方❶

本冊 p.44

❶ (1)$1000a$ m (2)$\frac{x}{60}$ 時間

❷ (1)$\frac{7}{10}x$円 (2)$\frac{9}{100}a$円 (3)$\frac{97}{100}y$円

(4)$15a$ m (5)$\frac{x}{40}$時間 (6)秒速$\frac{a}{12}$m

❸ (1)$\frac{a}{1000}$kg (2)$60x$分 (3)$\frac{a}{100}$m

❹ (1)$\frac{13}{100}x$円 (2)$\frac{3}{10}a$円 (3)$\frac{9}{10}y$円

(4)$4a$ km (5)$\frac{90}{x}$秒 (6)分速$\frac{a}{25}$m

解き方

❶ (1) 1km＝1000mより，$1000a$ m

(2) 1分＝$\frac{1}{60}$時間より，$\frac{x}{60}$時間

❷ (1) 1割＝$\frac{1}{10}$より，$\frac{7}{10}x$円

(2) 1%＝$\frac{1}{100}$より，$\frac{9}{100}a$円

(3) 1%＝$\frac{1}{100}$であり，3%を引くから，$\frac{97}{100}y$円

(4) (道のり)＝(速さ)×(時間)より，$15a$ m

(5) (時間)＝(道のり)÷(速さ)より，$\frac{x}{40}$時間

(6) (速さ)＝(道のり)÷(時間)より，秒速$\frac{a}{12}$m

❸ (1) 1g＝$\frac{1}{1000}$kgより，$\frac{a}{1000}$kg

(2) 1時間＝60分より，$60x$分

(3) 1cm＝$\frac{1}{100}$mより，$\frac{a}{100}$m

❹ (1) 1%＝$\frac{1}{100}$より，$\frac{13}{100}x$円

(2) 1割＝$\frac{1}{10}$より，$\frac{3}{10}a$円

(3) 1割＝$\frac{1}{10}$であり，1割を引くから，$\frac{9}{10}y$円

(4) (道のり)＝(速さ)×(時間)より，$4a$ km

(5) (時間)＝(道のり)÷(速さ)より，$\frac{90}{x}$秒

(6) (速さ)＝(道のり)÷(時間)より，分速$\frac{a}{25}$m

22 数量の表し方❷

本冊 p.46

❶ (1)a^2cm^2 (2)xycm^2 (3)$2\pi r$cm

(4)$\frac{10}{x}$cm (5)abcm^2

❷ (1)$10+a$ (2)$10x+4$ (3)$10a+b$

❸ (1)$4a$ cm (2)$5x$cm^2 (3)πr^2cm^2

(4)$\frac{15}{a}$cm (5)$\frac{ab}{2}$cm^2 (6)$2a^2$cm^2

❹ (1)$10a+9$ (2)$70+x$ (3)$10a$

(4)$10x+y$

解き方

❶ (1) (正方形の面積)＝(1辺の長さ)×(1辺の長さ)より，a^2cm^2

(2) (長方形の面積)＝(縦の長さ)×(横の長さ)より，xy cm^2

(3) (円周)＝(半径×2)×(円周率)より，$2\pi r$ cm

(4) (長方形の縦の長さ)＝(面積)÷(横の長さ)より，$\frac{10}{x}$cm

(5) (平行四辺形の面積)＝(底辺の長さ)×(高さ)より，ab cm^2

❷ (1) $10\times1+1\times a=10+a$

(2) $10\times x+1\times4=10x+4$

(3) $10\times a+1\times b=10a+b$

❸ (1) (正方形の周の長さ)＝(1辺の長さ)×4より，$4a$ cm

(2) (長方形の面積)＝(縦の長さ)×(横の長さ)より，$5x$ cm^2

(3) (円の面積)＝(半径)×(半径)×(円周率)より，πr^2cm^2

(4) (平行四辺形の底辺の長さ)=(面積)÷(高さ)より，$\frac{15}{a}$ cm

(5) (三角形の面積)=(底辺の長さ)×(高さ)÷2より，$\frac{ab}{2}$ cm^2

(6) 横の長さは$2a$ cmであるから，(長方形の面積)=(縦の長さ)×(横の長さ)より，$2a^2\text{cm}^2$

❹ (1) $10\times a+1\times 9=10a+9$

(2) $10\times 7+1\times x=70+x$

(3) $10\times a+1\times 0=10a$

(4) $10\times x+1\times y=10x+y$

23 代入と式の値

本冊 p.48

❶ (1)**10** (2)**−3** (3)$\boldsymbol{\frac{5}{2}}$ (4)**4**

❷ (1)**7** (2)**−10** (3)**12** (4)**−5**

❸ (1)**−20** (2)**7** (3)$\boldsymbol{-\frac{1}{4}}$ (4)**−16** (5)**48**

❹ (1)**−3** (2)**−5** (3)**21** (4)**−13**

解き方

❶ (1) $3x+4=3\times 2+4$
$=10$

(2) $5-4x=5-4\times 2$
$=-3$

(3) $\frac{5}{x}=\frac{5}{2}$

(4) $x^2=2^2=4$

❷ (1) $2x-y=2\times 3-(-1)$
$=7$

(2) $-2x+4y=-2\times 3+4\times(-1)$
$=-10$

(3) $x^2-3y=3^2-3\times(-1)$
$=12$

(4) $-\frac{9}{x}+2y=-\frac{9}{3}+2\times(-1)$
$=-5$

❸ (1) $2a-12=2\times(-4)-12$
$=-20$

(2) $-5-3a=-5-3\times(-4)$
$=7$

(3) $\frac{1}{a}=\frac{1}{-4}=-\frac{1}{4}$

(4) $-a^2=-(-4)\times(-4)$
$=-16$

(5) $3a^2=3\times(-4)\times(-4)$
$=48$

❹ (1) $4a+b=4\times(-2)+5$
$=-3$

(2) $-5a-3b=-5\times(-2)-3\times 5$
$=-5$

(3) $2a+b^2=2\times(-2)+5\times 5$
$=21$

(4) $6a-\frac{b}{5}=6\times(-2)-\frac{5}{5}$
$=-13$

24 項と係数

本冊 p.50

❶ (1)**4** (2)**−2** (3)**3** (4)$\boldsymbol{\frac{1}{10}}$

❷ (1)$\boldsymbol{7a}$ (2)$\boldsymbol{6x}$ (3)$\boldsymbol{4a}$ (4)$\boldsymbol{-2x+3}$
(5)$\boldsymbol{3a+2}$ (6)$\boldsymbol{a+1}$ (7)$\boldsymbol{-7x-9}$

❸ (1)**12** (2)**−4** (3)**−9** (4)$\boldsymbol{-\frac{1}{5}}$

❹ (1)$\boldsymbol{-11a}$ (2)$\boldsymbol{-2x}$ (3)$\boldsymbol{-a}$ (4)$\boldsymbol{5x-5}$
(5)$\boldsymbol{-2a-11}$ (6)$\boldsymbol{-7a+6}$ (7)$\boldsymbol{-3x-11}$
(8)$\boldsymbol{6x}$

解き方

❶ (1) xをふくむ項(こう)は$4x$であるから，4

(2) xをふくむ項は$-2x$であるから，-2

(3) xをふくむ項は$3x$であるから，3

(4) xをふくむ項は$\frac{x}{10}$であるから，$\frac{1}{10}$

❷ (1) $2a+5a=(2+5)a$
$=7a$

(2) $10x-4x=(10-4)x$
$=6x$

(3) $-5a+9a=(-5+9)a$
$=4a$

(4) $4x-6x+3=(4-6)x+3$
$=-2x+3$

(5)　$-3a+4+6a-2=(-3+6)a+4-2$
$=3a+2$

(6)　$9a-5-8a+6=(9-8)a-5+6$
$=a+1$

(7)　$-2x-7-5x-2=(-2-5)x-7-2$
$=-7x-9$

❸ (1)　aをふくむ項は$12a$であるから，12

(2)　aをふくむ項は$-4a$であるから，-4

(3)　aをふくむ項は$-9a$であるから，-9

(4)　aをふくむ項は$-\frac{a}{5}$であるから，$-\frac{1}{5}$

❹ (1)　$-3a-8a=(-3-8)a$
$=-11a$

(2)　$6x-8x=(6-8)x$
$=-2x$

(3)　$-12a+11a=(-12+11)a$
$=-a$

(4)　$3x+2x-5=(3+2)x-5$
$=5x-5$

(5)　$4a-8-6a-3=(4-6)a-8-3$
$=-2a-11$

(6)　$-5a-3-2a+9=(-5-2)a-3+9$
$=-7a+6$

(7)　$5x-4-7-8x=(5-8)x-4-7$
$=-3x-11$

(8)　$3x-4x+7x=(3-4+7)x$
$=6x$

25 1次式の加法・減法

本冊 p.52

❶ (1)$\boldsymbol{6x+4}$　(2)$\boldsymbol{6a-7}$　(3)$\boldsymbol{5x-2}$
(4)$\boldsymbol{a-8}$　(5)$\boldsymbol{-3x+1}$

❷ (1)$\boldsymbol{4x+2}$　(2)$\boldsymbol{2a-6}$　(3)$\boldsymbol{-8x+10}$
(4)$\boldsymbol{7a-2}$　(5)$\boldsymbol{-x+9}$

❸ (1)$\boldsymbol{3x-1}$　(2)$\boldsymbol{10x+6}$　(3)$\boldsymbol{-5a-8}$
(4)$\boldsymbol{9a}$　(5)$\boldsymbol{3x+1}$　(6)$\boldsymbol{-3a-2}$

❹ (1)$\boldsymbol{16a+1}$　(2)$\boldsymbol{-x}$　(3)$\boldsymbol{-9x+7}$
(4)$\boldsymbol{4a-10}$　(5)$\boldsymbol{4x+11}$　(6)$\boldsymbol{9a+9}$

解き方

❶ (1)　$(2x+3)+(4x+1)=2x+3+4x+1$
$=6x+4$

(2)　$(4a+2)+(2a-9)=4a+2+2a-9$
$=6a-7$

(3)　$(8x-6)+(-3x+4)=8x-6-3x+4$
$=5x-2$

(4)　$(-3a-4)+(4a-4)=-3a-4+4a-4$
$=a-8$

(5)　$(-8x+3)+(5x-2)=-8x+3+5x-2$
$=-3x+1$

❷ (1)　$(7x+5)-(3x+3)=7x+5-3x-3$
$=4x+2$

(2)　$(4a-5)-(2a+1)=4a-5-2a-1$
$=2a-6$

(3)　$(-6x+8)-(2x-2)=-6x+8-2x+2$
$=-8x+10$

(4)　$(5a+9)-(-2a+11)=5a+9+2a-11$
$=7a-2$

(5)　$(-4x+3)-(-3x-6)$
$=-4x+3+3x+6$
$=-x+9$

❸ (1)　$(-3x+1)+(6x-2)$
$=-3x+1+6x-2$
$=3x-1$

(2)　$(4x+2)+(6x+4)=4x+2+6x+4$
$=10x+6$

(3)　$(-6a-3)+(a-5)=-6a-3+a-5$
$=-5a-8$

(4)　$(6a+5)+(3a-5)=6a+5+3a-5$
$=9a$

(5)　$(7x-2)+(-4x+3)=7x-2-4x+3$
$=3x+1$

(6)　$(-5a-7)+(2a+5)=-5a-7+2a+5$
$=-3a-2$

❹ (1)　$(5a+7)-(-11a+6)$
$=5a+7+11a-6$
$=16a+1$

(2)　$(4x+3)-(5x+3)=4x+3-5x-3$
$=-x$

(3)　$(-3x+4)-(6x-3)=-3x+4-6x+3$
$=-9x+7$

(4)　$(5a-3)-(a+7)=5a-3-a-7$

$=4a-10$

(5) $(-3x+6)-(-7x-5)$

$=-3x+6+7x+5$

$=4x+11$

(6) $(4a+3)-(-5a-6)=4a+3+5a+6$

$=9a+9$

26 1次式と数の乗法・除法

本冊 p.54

❶ (1)$\boldsymbol{6x}$ (2)$\boldsymbol{-20a}$ (3)$\boldsymbol{2a}$ (4)$\boldsymbol{-36x}$

❷ (1)$\boldsymbol{5x}$ (2)$\boldsymbol{\frac{1}{21}x}$ (3)$\boldsymbol{-\frac{4}{5}a}$

❸ (1)$\boldsymbol{6x+8}$ (2)$\boldsymbol{-12a+3}$

❹ (1)$\boldsymbol{-8x}$ (2)$\boldsymbol{-9a}$ (3)$\boldsymbol{4a}$ (4)$\boldsymbol{-18x}$

❺ (1)$\boldsymbol{2x}$ (2)$\boldsymbol{-4a}$ (3)$\boldsymbol{\frac{3}{5}x}$ (4)$\boldsymbol{\frac{10}{3}a}$

❻ (1)$\boldsymbol{-18x-6}$ (2)$\boldsymbol{3a-5}$

解き方

❶ (1) $3x\times2=3\times2\times x$

$=6x$

(2) $(-5a)\times4=(-5)\times4\times a$

$=-20a$

(3) $\frac{1}{4}a\times8=\frac{1}{4}\times8\times a$

$=2a$

(4) $(-9)\times4x=(-9)\times4\times x$

$=-36x$

❷ (1) $10x\div2=10x\times\frac{1}{2}$

$=5x$

(2) $\frac{2}{7}x\div6=\frac{2}{7}x\times\frac{1}{6}$

$=\frac{1}{21}x$

(3) $\frac{4}{3}a\div\left(-\frac{5}{3}\right)=\frac{4}{3}a\times\left(-\frac{3}{5}\right)$

$=-\frac{4}{5}a$

❸ (1) $2(3x+4)=2\times3x+2\times4$

$=6x+8$

(2) $(4a-1)\times(-3)$

$=4a\times(-3)+(-1)\times(-3)$

$=-12a+3$

❹ (1) $2x\times(-4)=2\times(-4)\times x$

$=-8x$

(2) $(-a)\times9=(-1)\times9\times a$

$=-9a$

(3) $12a\times\frac{1}{3}=12\times\frac{1}{3}\times a$

$=4a$

(4) $-3\times6x=-3\times6\times x$

$=-18x$

❺ (1) $14x\div7=14x\times\frac{1}{7}$

$=2x$

(2) $16a\div(-4)=16a\times\left(-\frac{1}{4}\right)$

$=-4a$

(3) $\frac{12}{5}x\div4=\frac{12}{5}x\times\frac{1}{4}$

$=\frac{3}{5}x$

(4) $\frac{5}{2}a\div\frac{3}{4}=\frac{5}{2}a\times\frac{4}{3}$

$=\frac{10}{3}a$

❻ (1) $-3(6x+2)=(-3)\times6x+(-3)\times2$

$=-18x-6$

(2) $\frac{1}{3}(9a-15)=\frac{1}{3}\times9a+\frac{1}{3}\times(-15)$

$=3a-5$

27 複雑な1次式の計算

本冊 p.56

❶ (1)$\boldsymbol{6x+2}$ (2)$\boldsymbol{4a-10}$ (3)$\boldsymbol{-8x+6}$
(4)$\boldsymbol{-3a-18}$

❷ (1)$\boldsymbol{14x+11}$ (2)$\boldsymbol{6a+5}$ (3)$\boldsymbol{5x+16}$
(4)$\boldsymbol{26a-54}$

❸ (1)$\boldsymbol{10x+4}$ (2)$\boldsymbol{3a-27}$ (3)$\boldsymbol{-8x+24}$
(4)$\boldsymbol{-6a+15}$

❹ (1)$\boldsymbol{12x+27}$ (2)$\boldsymbol{17a-24}$ (3)$\boldsymbol{6x+38}$
(4)$\boldsymbol{23a-45}$ (5)$\boldsymbol{-3x+2}$

解き方

❶ (1) $\frac{3x+1}{2}\times4=(3x+1)\times2$

$=6x+2$

(2) $8\times\frac{2a-5}{4}=2\times(2a-5)$

$=4a-10$

(3) $\frac{4x-3}{6}\times(-12)=(4x-3)\times(-2)$

$=-8x+6$

(4) $(-6)\times\frac{a+6}{2}=(-3)\times(a+6)$

$=-3a-18$

❷ (1) $3(3x+2)+5(x+1)=9x+6+5x+5$

$=14x+11$

(2) $4(3a+2)-3(2a+1)=12a+8-6a-3$

$=6a+5$

(3) $5(4x+2)-3(5x-2)=20x+10-15x+6$

$=5x+16$

(4) $7(2a-6)+4(3a-3)$

$=14a-42+12a-12$

$=26a-54$

❸ (1) $\frac{5x+2}{3}\times6=(5x+2)\times2$

$=10x+4$

(2) $6\times\frac{a-9}{2}=3\times(a-9)$

$=3a-27$

(3) $\frac{2x-6}{5}\times(-20)=(2x-6)\times(-4)$

$=-8x+24$

(4) $(-9)\times\frac{2a-5}{3}=(-3)\times(2a-5)$

$=-6a+15$

❹ (1) $6(x+3)+3(2x+3)=6x+18+6x+9$

$=12x+27$

(2) $3(7a-4)-2(2a+6)=21a-12-4a-12$

$=17a-24$

(3) $4(5x+8)-2(7x-3)=20x+32-14x+6$

$=6x+38$

(4) $5(3a-5)+4(2a-5)=15a-25+8a-20$

$=23a-45$

(5) $2(6x-9)-5(3x-4)$

$=12x-18-15x+20$

$=-3x+2$

28 関係を表す式

本冊 p.58

❶ (1)$\mathbf{2n}$ (2)$\mathbf{2n+1}$ (3)$\mathbf{3n}$

❷ (1)$\mathbf{n+1}$ (2)$\mathbf{2n+2}$ (3)$\mathbf{2n-1}$

❸ (1)$\mathbf{a>b}$ (2)$\mathbf{a\leqq b}$

❹ (1)$\mathbf{a+1\geqq b}$ (2)$\mathbf{5n=m+2}$ (3)$\mathbf{x-y<3}$

(4)$\mathbf{5x+y\leqq1000}$

❺ (1)$\mathbf{2n-1}$ (2)$\mathbf{5n}$ (3)$\mathbf{7n}$

❻ (1)$\mathbf{n-2}$ (2)$\mathbf{2n-2}$ (3)$\mathbf{2n+3}$

❼ (1)$\mathbf{x\geqq y}$ (2)$\mathbf{x<y}$

❽ (1)$\mathbf{a-2<b}$ (2)$\mathbf{4n=m-3}$ (3)$\mathbf{x+y\geqq10}$

(4)$\mathbf{4x+2y>900}$ (5)$\mathbf{500-3x\leqq100}$

解き方

❶ (1) 偶数(ぐうすう)は2の倍数であるから，$2n$と表せます。

(2) 奇数(きすう)は**偶数より1だけ大きい数**であるから，$2n+1$と表せます。

(3) 3の倍数は$3n$と表せます。

❷ (1) nより1だけ大きいので，nに1をたします。

(2) $2n$の次に大きい偶数なので，$2n$に2をたします。

(3) $2n+1$の次に小さい奇数なので，$2n+1$から2をひきます。

❸ $<$，$>$と，$\leqq$，$\geqq$のちがいに注意します。「より大きい」や，「より小さい」，「未満」を表すには$>$や$<$を使います。「以上」や「以下」を表すには$\geqq$や$\leqq$を使います。

(1) 「より大きい」なので，$>$を使います。

(2) 「以下」なので，$\leqq$を使います。

❹ (1) $a+1$がb以上であることを表します。

(2) $5n$が$m+2$と等しいことを表します。

(3) $x-y$が3より小さいことを表します。

(4) $5x+y$が1000以下であることを表します。

❺ (1) 奇数は偶数より1だけ小さい数でもあるから，$2n-1$と表せます。

(2)　5の倍数は$5n$と表せます。

(3)　7の倍数は$7n$と表せます。

❻ (1)　nより2だけ小さいので，nから2をひきます。

(2)　$2n$の次に小さい偶数なので，$2n$から2をひきます。

(3)　$2n+1$の次に大きい奇数なので，$2n+1$に2をたします。

❼ (1)「以上」なので≧を使います。

(2)「未満」なので<を使います。

❽ (1)　$a-2$がbより小さいことを表します。

(2)　$4n$が$m-3$と等しいことを表します。

(3)　$x+y$が10以上であることを表します。

(4)　$4x+2y$が900より大きいことを表します。

(5)　$500-3x$が100以下であることを表します。

29 まとめのテスト❷

本冊 p.60

❶ (1)$\boldsymbol{x \div 15}$　(2)$\boldsymbol{-4 \times a \times a \times b \times b}$
(3)$\boldsymbol{(2 \times x + y) \div 6}$

❷ (1)$\boldsymbol{\frac{83}{100}x}$**円**　(2)$\boldsymbol{\frac{a}{45}}$**時間**　(3)$\boldsymbol{\frac{2}{3}x^2}$**cm²**

❸ (1)**18**　(2)**−39**　(3)**−74**　(4)**12**

❹ (1)$\boldsymbol{-7a+7}$　(2)$\boldsymbol{-3x+7}$　(3)$\boldsymbol{\frac{1}{10}x}$
(4)$\boldsymbol{-3a+7}$　(5)$\boldsymbol{-9x+24}$　(6)$\boldsymbol{2x+41}$

❺ (1)$\boldsymbol{2(a+1)>b}$　(2)$\boldsymbol{n^2=m-5}$
(3)$\boldsymbol{4a+5b<5000}$　(4)$\boldsymbol{x-6y \geqq 4}$

解き方

❶　省略されている×や÷の記号を使って式を表します。

(3)　分子の式にかっこをつけます。

❷ (1)　$1\% = \frac{1}{100}$であり，17%を引くから，

$\frac{100-17}{100}x = \frac{83}{100}x$(円)

(2)　(時間) = (道のり) ÷ (速さ)より，$\frac{a}{45}$ 時間

(3)　横の長さは$\frac{2}{3}x$ cmであるから，(長方形の面積) = (縦の長さ) × (横の長さ)より，$\frac{2}{3}x^2$ cm²

❸ (1)　$3x-2y=3\times4-2\times(-3)$
$=18$

(2)　$-6x+5y=-6\times4+5\times(-3)$
$=-39$

(3)　$x^2-10y^2=4\times4-10\times(-3)\times(-3)$
$=-74$

(4)　$-\frac{12}{x}-5y=-\frac{12}{4}-5\times(-3)$
$=12$

❹ (1)　$-4a+5-3a+2=(-4-3)a+5+2$
$=-7a+7$

(2)　$(-7x+4)-(-4x-3)$
$=-7x+4+4x+3$
$=-3x+7$

(3)　$\frac{4}{5}x\div8=\frac{4}{5}x\times\frac{1}{8}$
$=\frac{1}{10}x$

(4)　$-\frac{1}{2}(6a-14)=-\frac{1}{2}\times6a+\left(-\frac{1}{2}\right)\times(-14)$
$=-3a+7$

(5)　$\frac{3x-8}{6}\times(-18)=(3x-8)\times(-3)$
$=-9x+24$

(6)　$3(4x+7)-5(2x-4)$
$=12x+21-10x+20$
$=2x+41$

❺ (1)　$2(a+1)$がbより大きいことを表します。

(2)　n^2が$m-5$と等しいことを表します。

(3)　$4a+5b$が5000より小さいことを表します。

(4)　$x-6y$が4以上であることを表します。

30 方程式とその解

本冊 p.62

❶ (1)**2**　(2)**1**　(3)**−1**　(4)**3**

❷ (1)$\boldsymbol{3x-2=7}$　(2)$\boldsymbol{5x-2=3x}$
(3)$\boldsymbol{7x+9=9}$　(4)$\boldsymbol{x-1=3(x+1)}$
(5) $\boldsymbol{x+4=0}$

❸ (1)**−1**　(2)**2**　(3)**−2**　(4)**0**　(5)**1**

❹ (1)$\boldsymbol{4x-10=2x}$　(2)$\boldsymbol{x+13=4}$
(3)$\boldsymbol{2x+8=2}$　(4) $\boldsymbol{4x-5=3}$
(5)$\boldsymbol{x+6=5(x+2)}$

解き方

❶ xに-1，1，2，3を代入(だいにゅう)して，**左辺の値(あたい)と右辺の値が等しくなるような値**を選びます。

(1) xに2を代入すると，左辺の値は5となり，右辺の値と等しくなります。

(2) xに1を代入すると，左辺の値は1となり，右辺の値と等しくなります。

(3) xに-1を代入すると，左辺の値は-2となり，右辺の値と等しくなります。

(4) xに3を代入すると，左辺の値は-1となり，右辺の値と等しくなります。

❷ それぞれの数をxに代入して，**左辺の値と右辺の値が等しくなる方程式(ほうていしき)**を選びます。

(1) $3x-2=7$のxに3を代入すると，左辺の値は7となり，右辺の値と等しくなります。

(2) $5x-2=3x$のxに1を代入すると，左辺の値は3，右辺の値は3となります。

(3) $7x+9=9$のxに0を代入すると，左辺の値は9となり，右辺の値と等しくなります。

(4) $x-1=3(x+1)$のxに-2を代入すると，左辺の値は-3，右辺の値は-3となります。

(5) $x+4=0$のxに-4を代入すると，左辺の値は0となり，右辺の値と等しくなります。

❸ xに-2，-1，0，1，2を代入して，左辺の値と右辺の値が等しくなるような値を選びます。

(1) xに-1を代入すると，左辺の値は1となり，右辺の値と等しくなります。

(2) xに2を代入すると，左辺の値は3となり，右辺の値と等しくなります。

(3) xに-2を代入すると，左辺の値は-5となり，右辺の値と等しくなります。

(4) xに0を代入すると，左辺の値は0となり，右辺の値と等しくなります。

(5) xに1を代入すると，左辺の値は2となり，右辺の値と等しくなります。

❹ それぞれの数をxに代入して，左辺の値と右辺の値が等しくなる方程式を選びます。

(1) $4x-10=2x$のxに5を代入すると，左辺の値は10，右辺の値は10となります。

(2) $x+13=4$のxに-9を代入すると，左辺の値は4となり，右辺の値と等しくなります。

(3) $2x+8=2$のxに-3を代入すると，左辺の値は2となり，右辺の値と等しくなります。

(4) $4x-5=3$のxに2を代入すると，左辺の値は3となり，右辺の値と等しくなります。

(5) $x+6=5(x+2)$のxに-1を代入すると，左辺の値は5，右辺の値は5となります。

31 等式の性質

本冊 p.64

❶ (1) $x=3$　(2) $x=5$　(3) $x=10$　(4) $y=-2$
(5) $x=5$　(6) $y=-7$　(7) $x=15$　(8) $x=6$

❷ (1) $x=-4$　(2) $x=9$　(3) $x=8$　(4) $y=3$
(5) $x=4$　(6) $y=-1$　(7) $x=7$　(8) $y=9$
(9) $x=-6$　(10) $y=-3$　(11) $x=-\frac{1}{3}$
(12) $y=-\frac{1}{6}$　(13) $x=32$　(14) $x=42$

解き方

❶ (1)
$$x+2=5$$
$$x+2-2=5-2$$
$$x=3$$

(2)
$$4+x=9$$
$$4+x-4=9-4$$
$$x=5$$

(3)
$$x-3=7$$
$$x-3+3=7+3$$
$$x=10$$

(4)
$$y-7=-9$$
$$y-7+7=-9+7$$
$$y=-2$$

(5)
$$6x=30$$
$$\frac{6x}{6}=\frac{30}{6}$$
$$x=5$$

(6)
$$-4y=28$$
$$\frac{-4y}{-4}=\frac{28}{-4}$$
$$y=-7$$

(7)
$$\frac{1}{5}x=3$$
$$\frac{1}{5}x\times5=3\times5$$

$x = 15$

(8) $\frac{3}{2}x = 9$

$\frac{3}{2}x \times \frac{2}{3} = 9 \times \frac{2}{3}$

$x = 6$

❷ (1) $x + 6 = 2$

$x + 6 - 6 = 2 - 6$

$x = -4$

(2) $3 + x = 12$

$3 + x - 3 = 12 - 3$

$x = 9$

(3) $x - 5 = 3$

$x - 5 + 5 = 3 + 5$

$x = 8$

(4) $y - 5 = -2$

$y - 5 + 5 = -2 + 5$

$y = 3$

(5) $x - 6 = -2$

$x - 6 + 6 = -2 + 6$

$x = 4$

(6) $y + 5 = 4$

$y + 5 - 5 = 4 - 5$

$y = -1$

(7) $7x = 49$

$\frac{7x}{7} = \frac{49}{7}$

$x = 7$

(8) $-3y = -27$

$\frac{-3y}{-3} = \frac{-27}{-3}$

$y = 9$

(9) $-9x = 54$

$\frac{-9x}{-9} = \frac{54}{-9}$

$x = -6$

(10) $12y = -36$

$\frac{12y}{12} = \frac{-36}{12}$

$y = -3$

(11) $21x = -7$

$\frac{21x}{21} = \frac{-7}{21}$

$x = -\frac{1}{3}$

(12) $-24y = 4$

$\frac{-24y}{-24} = \frac{4}{-24}$

$y = -\frac{1}{6}$

(13) $\frac{1}{8}x = 4$

$\frac{1}{8}x \times 8 = 4 \times 8$

$x = 32$

(14) $\frac{5}{6}x = 35$

$\frac{5}{6}x \times \frac{6}{5} = 35 \times \frac{6}{5}$

$x = 42$

32 移項して方程式を解く

本冊 p.66

❶ (1) $\boldsymbol{x=5}$ (2) $\boldsymbol{x=2}$ (3) $\boldsymbol{x=-6}$ (4) $\boldsymbol{x=-4}$
(5) $\boldsymbol{x=3}$ (6) $\boldsymbol{x=-4}$ (7) $\boldsymbol{x=-1}$ (8) $\boldsymbol{x=0}$

❷ (1) $\boldsymbol{x=-3}$ (2) $\boldsymbol{x=2}$ (3) $\boldsymbol{x=-7}$ (4) $\boldsymbol{x=3}$
(5) $\boldsymbol{x=19}$ (6) $\boldsymbol{x=5}$ (7) $\boldsymbol{x=-3}$ (8) $\boldsymbol{x=1}$
(9) $\boldsymbol{x=-7}$ (10) $\boldsymbol{x=4}$ (11) $\boldsymbol{x=-3}$
(12) $\boldsymbol{x=5}$ (13) $\boldsymbol{x=-2}$ (14) $\boldsymbol{x=-3}$

解き方

❶ (1) $3x = 2x + 5$

$3x - 2x = 5$

$x = 5$

(2) $6 + 2x = 10$

$2x = 10 - 6$

$2x = 4$

$x = 2$

(3) $5x = 3x - 12$

$5x - 3x = -12$

$2x = -12$

$x = -6$

(4) $x = -2x - 12$

$x + 2x = -12$

$3x = -12$

$x = -4$

(5) $-3x=-2x-3$

$-3x+2x=-3$

$-x=-3$

$x=3$

(6) $-4x-21=-5$

$-4x=-5+21$

$-4x=16$

$x=-4$

(7) $5x+12=7$

$5x=7-12$

$5x=-5$

$x=-1$

(8) $4x-7=-7$

$4x=-7+7$

$4x=0$

$x=0$

❷ (1) $4x=7x+9$

$4x-7x=9$

$-3x=9$

$x=-3$

(2) $5+7x=19$

$7x=19-5$

$7x=14$

$x=2$

(3) $4x=x-21$

$4x-x=-21$

$3x=-21$

$x=-7$

(4) $4x=-3x+21$

$4x+3x=21$

$7x=21$

$x=3$

(5) $-2x=-3x+19$

$-2x+3x=19$

$x=19$

(6) $-3x+11=-4$

$-3x=-4-11$

$-3x=-15$

$x=5$

(7) $9x+13=-14$

$9x=-14-13$

$9x=-27$

$x=-3$

(8) $3x-5=-2$

$3x=-2+5$

$3x=3$

$x=1$

(9) $-x=-8x-49$

$-x+8x=-49$

$7x=-49$

$x=-7$

(10) $5x+3=23$

$5x=23-3$

$5x=20$

$x=4$

(11) $-3x=-5x-6$

$-3x+5x=-6$

$2x=-6$

$x=-3$

(12) $2x=-x+15$

$2x+x=15$

$3x=15$

$x=5$

(13) $-4x=7x+22$

$-4x-7x=22$

$-11x=22$

$x=-2$

(14) $-6x-23=-5$

$-6x=-5+23$

$-6x=18$

$x=-3$

33 方程式の解き方 本冊 p.68

❶ (1) $\boldsymbol{x=1}$ (2) $\boldsymbol{x=-3}$ (3) $\boldsymbol{x=4}$ (4) $\boldsymbol{x=3}$
(5) $\boldsymbol{x=2}$ (6) $\boldsymbol{x=-3}$ (7) $\boldsymbol{x=4}$ (8) $\boldsymbol{x=5}$

❷ (1) $\boldsymbol{x=3}$ (2) $\boldsymbol{x=-2}$ (3) $\boldsymbol{x=-3}$ (4) $\boldsymbol{x=4}$
(5) $\boldsymbol{x=3}$ (6) $\boldsymbol{x=4}$ (7) $\boldsymbol{x=-6}$ (8) $\boldsymbol{x=4}$
(9) $\boldsymbol{x=-2}$ (10) $\boldsymbol{x=-5}$ (11) $\boldsymbol{x=1}$
(12) $\boldsymbol{x=-4}$ (13) $\boldsymbol{x=-7}$ (14) $\boldsymbol{x=3}$

解き方

❶ (1) $4x+1=2x+3$
$4x-2x=3-1$
$x=1$

(2) $5+5x=2x-4$
$5x-2x=-4-5$
$x=-3$

(3) $x-2=3x-10$
$x-3x=-10+2$
$x=4$

(4) $4x-15=-2x+3$
$4x+2x=3+15$
$x=3$

(5) $13-6x=-3+2x$
$-6x-2x=-3-13$
$x=2$

(6) $9x+8=-7+4x$
$9x-4x=-7-8$
$x=-3$

(7) $5x+14=6x+10$
$5x-6x=10-14$
$x=4$

(8) $4+3x=6x-11$
$3x-6x=-11-4$
$x=5$

❷ (1) $7x-2=4x+7$
$7x-4x=7+2$
$x=3$

(2) $4+7x=3x-4$
$7x-3x=-4-4$
$x=-2$

(3) $-2x-3=3x+12$
$-2x-3x=12+3$
$x=-3$

(4) $9x-7=-x+33$
$9x+x=33+7$
$x=4$

(5) $13-5x=-8+2x$
$-5x-2x=-8-13$
$x=3$

(6) $11x-6=18+5x$
$11x-5x=18+6$
$x=4$

(7) $8x+5=10x+17$
$8x-10x=17-5$
$x=-6$

(8) $5+4x=9x-15$
$4x-9x=-15-5$
$x=4$

(9) $6x+5=-5x-17$
$6x+5x=-17-5$
$x=-2$

(10) $-3x-16=3x+14$
$-3x-3x=14+16$
$x=-5$

(11) $5-2x=-3+6x$
$-2x-6x=-3-5$
$x=1$

(12) $11x+5=-15+6x$
$11x-6x=-15-5$
$x=-4$

(13) $5x-16=12x+33$
$5x-12x=33+16$
$x=-7$

(14) $8+3x=6x-1$
$3x-6x=-1-8$
$x=3$

34 いろいろな方程式の解き方❶ 本冊 p.70

❶ (1) $\boldsymbol{x=2}$ (2) $\boldsymbol{x=-1}$ (3) $\boldsymbol{x=-4}$ (4) $\boldsymbol{x=3}$
(5) $\boldsymbol{x=2}$ (6) $\boldsymbol{x=8}$ (7) $\boldsymbol{x=-9}$

❷ (1) $\boldsymbol{x=-3}$ (2) $\boldsymbol{x=4}$ (3) $\boldsymbol{x=-2}$ (4) $\boldsymbol{x=14}$
(5) $\boldsymbol{x=4}$ (6) $\boldsymbol{x=6}$ (7) $\boldsymbol{x=0}$ (8) $\boldsymbol{x=3}$
(9) $\boldsymbol{x=4}$ (10) $\boldsymbol{x=13}$ (11) $\boldsymbol{x=-1}$
(12) $\boldsymbol{x=-5}$

解き方

❶ (1) $3(x+2)-x=10$
$3x+6-x=10$
$x=2$

(2) $3+4(x+2)=7$

$3+4x+8=7$

$x=-1$

(3) $5x-2(x-2)=-8$

$5x-2x+4=-8$

$x=-4$

(4) $5x+1=2(x+5)$

$5x+1=2x+10$

$x=3$

(5) $7x-2(4-x)=10$

$7x-8+2x=10$

$x=2$

(6) $5(x-4)-2x=4$

$5x-20-2x=4$

$x=8$

(7) $x-5(4+x)=16$

$x-20-5x=16$

$x=-9$

❷ (1) $4(x+1)-7x=13$

$4x+4-7x=13$

$x=-3$

(2) $1+7(x-3)=8$

$1+7x-21=8$

$x=4$

(3) $7x-2(x+4)=-18$

$7x-2x-8=-18$

$x=-2$

(4) $4x-2=3(x+4)$

$4x-2=3x+12$

$x=14$

(5) $10x+3(1-2x)=19$

$10x+3-6x=19$

$x=4$

(6) $8(x-3)-3x=6$

$8x-24-3x=6$

$x=6$

(7) $3x-4(5+4x)=-20$

$3x-20-16x=-20$

$x=0$

(8) $4x+5(1-2x)=-13$

$4x+5-10x=-13$

$x=3$

(9) $3x-2(1-2x)=26$

$3x-2+4x=26$

$x=4$

(10) $5(x-3)-3x=11$

$5x-15-3x=11$

$x=13$

(11) $2x-3(5-2x)=-23$

$2x-15+6x=-23$

$x=-1$

(12) $7x-4=3(2+3x)$

$7x-4=6+9x$

$x=-5$

35 いろいろな方程式の解き方❷ 本冊 p.72

❶ (1) $\boldsymbol{x=4}$ (2) $\boldsymbol{x=3}$ (3) $\boldsymbol{x=-2}$ (4) $\boldsymbol{x=5}$
(5) $\boldsymbol{x=-4}$ (6) $\boldsymbol{x=-9}$ (7) $\boldsymbol{x=7}$

❷ (1) $\boldsymbol{x=23}$ (2) $\boldsymbol{x=5}$ (3) $\boldsymbol{x=7}$ (4) $\boldsymbol{x=-8}$
(5) $\boldsymbol{x=14}$ (6) $\boldsymbol{x=7}$ (7) $\boldsymbol{x=-2}$ (8) $\boldsymbol{x=7}$
(9) $\boldsymbol{x=-5}$ (10) $\boldsymbol{x=22}$ (11) $\boldsymbol{x=4}$
(12) $\boldsymbol{x=-6}$

解き方

❶ (1) $0.5x-1.4=0.6$

両辺に10をかけて,

$5x-14=6$

$x=4$

(2) $0.2x+1.2=1.8$

両辺に10をかけて,

$2x+12=18$

$x=3$

(3) $-1.2x-2.1=0.3$

両辺に10をかけて,

$-12x-21=3$

$x=-2$

(4) $0.1x=0.3x-1$

両辺に10をかけて,

$x=3x-10$

$x=5$

(5) $1.1x=-0.2x-5.2$

両辺に10をかけて，

$11x=-2x-52$

$x=-4$

(6) $0.04x=-0.05x-0.81$

両辺に100をかけて，

$4x=-5x-81$

$x=-9$

(7) $0.03x+0.12=0.33$

両辺に100をかけて，

$3x+12=33$

$x=7$

❷ (1) $0.4x=0.2x+4.6$

両辺に10をかけて，

$4x=2x+46$

$x=23$

(2) $0.8x+1.2=5.2$

両辺に10をかけて，

$8x+12=52$

$x=5$

(3) $0.3x=0.8x-3.5$

両辺に10をかけて，

$3x=8x-35$

$x=7$

(4) $0.8x=-0.1x-7.2$

両辺に10をかけて，

$8x=-x-72$

$x=-8$

(5) $0.5x=0.2x+4.2$

両辺に10をかけて，

$5x=2x+42$

$x=14$

(6) $0.9x-3.8=2.5$

両辺に10をかけて，

$9x-38=25$

$x=7$

(7) $-2.4x=0.3x+5.4$

両辺に10をかけて，

$-24x=3x+54$

$x=-2$

(8) $-0.04x+0.06=-0.22$

両辺に100をかけて，

$-4x+6=-22$

$x=7$

(9) $0.15x+0.39=-0.36$

両辺に100をかけて，

$15x+39=-36$

$x=-5$

(10) $0.06x-1.42=-0.1$

両辺に100をかけて，

$6x-142=-10$

$x=22$

(11) $0.12x-0.16=0.32$

両辺に100をかけて，

$12x-16=32$

$x=4$

(12) $0.11x+0.3=-0.36$

両辺に100をかけて，

$11x+30=-36$

$x=-6$

36 いろいろな方程式の解き方③ 本冊 p.74

❶ (1) $\boldsymbol{x=12}$ (2) $\boldsymbol{x=18}$ (3) $\boldsymbol{x=-32}$ (4) $\boldsymbol{x=8}$
(5) $\boldsymbol{x=14}$ (6) $\boldsymbol{x=9}$

❷ (1) $\boldsymbol{x=-20}$ (2) $\boldsymbol{x=24}$ (3) $\boldsymbol{x=16}$
(4) $\boldsymbol{x=12}$ (5) $\boldsymbol{x=10}$ (6) $\boldsymbol{x=4}$ (7) $\boldsymbol{x=9}$
(8) $\boldsymbol{x=6}$ (9) $\boldsymbol{x=5}$ (10) $\boldsymbol{x=-3}$

解き方

❶ (1) $\frac{1}{4}x+1=\frac{1}{3}x$

両辺に12をかけて，

$3x+12=4x$

$x=12$

(2) $\frac{2}{3}x-10=\frac{1}{9}x$

両辺に9をかけて，

$6x-90=x$

$x=18$

(3) $\frac{3}{8}x-1=\frac{1}{2}x+3$

両辺に8をかけて，

$3x-8=4x+24$

$x=-32$

(4) $\frac{1}{12}x-\frac{1}{6}=\frac{1}{8}x-\frac{1}{2}$

両辺に24をかけて,

$2x-4=3x-12$

$x=8$

(5) $\frac{5}{7}x=\frac{x+6}{2}$

両辺に14をかけて,

$10x=7(x+6)$

$10x=7x+42$

$x=14$

(6) $\frac{x-3}{2}=\frac{x+9}{6}$

両辺に6をかけて,

$3(x-3)=x+9$

$3x-9=x+9$

$x=9$

❷ (1) $\frac{1}{10}x-3=\frac{1}{4}x$

両辺に20をかけて,

$2x-60=5x$

$x=-20$

(2) $\frac{3}{4}x-10=\frac{1}{3}x$

両辺に12をかけて,

$9x-120=4x$

$x=24$

(3) $\frac{3}{16}x-1=\frac{1}{8}x$

両辺に16をかけて,

$3x-16=2x$

$x=16$

(4) $\frac{1}{4}x+7=\frac{5}{6}x$

両辺に12をかけて,

$3x+84=10x$

$x=12$

(5) $\frac{6}{5}x-3=\frac{3}{2}x-6$

両辺に10をかけて,

$12x-30=15x-60$

$x=10$

(6) $\frac{1}{6}x+\frac{4}{9}=\frac{1}{9}x+\frac{2}{3}$

両辺に18をかけて,

$3x+8=2x+12$

$x=4$

(7) $\frac{x+1}{4}=\frac{5}{18}x$

両辺に36をかけて,

$9(x+1)=10x$

$9x+9=10x$

$x=9$

(8) $\frac{x+6}{4}=\frac{x+3}{3}$

両辺に12をかけて,

$3(x+6)=4(x+3)$

$3x+18=4x+12$

$x=6$

(9) $\frac{x-1}{2}=\frac{3x-5}{5}$

両辺に10をかけて,

$5(x-1)=2(3x-5)$

$5x-5=6x-10$

$x=5$

(10) $\frac{2x-4}{5}=\frac{x-5}{4}$

両辺に20をかけて,

$4(2x-4)=5(x-5)$

$8x-16=5x-25$

$x=-3$

37 いろいろな方程式の解き方❹ 本冊 p.76

❶ (1) $\boldsymbol{x=4}$ (2) $\boldsymbol{x=13}$ (3) $\boldsymbol{x=-2}$ (4) $\boldsymbol{x=5}$
(5) $\boldsymbol{x=10}$ (6) $\boldsymbol{x=7}$

❷ (1) $\boldsymbol{x=-8}$ (2) $\boldsymbol{x=9}$ (3) $\boldsymbol{x=6}$ (4) $\boldsymbol{x=-3}$
(5) $\boldsymbol{x=-5}$ (6) $\boldsymbol{x=2}$ (7) $\boldsymbol{x=12}$ (8) $\boldsymbol{x=-4}$
(9) $\boldsymbol{x=8}$ (10) $\boldsymbol{x=-6}$

解き方

❶ (1) $\frac{1}{3}(x+2)=2$

両辺に3をかけて，

$x+2=6$

$x=4$

(2) $\frac{3}{4}(x-5)=6$

両辺に4をかけて，

$3(x-5)=24$

$x-5=8$

$x=13$

(3) $\frac{3}{8}(x+6)=\frac{3}{2}$

両辺に8をかけて，

$3(x+6)=12$

$x+6=4$

$x=-2$

(4) $\frac{1}{6}(5x-1)=4$

両辺に6をかけて，

$5x-1=24$

$x=5$

(5) $\frac{1}{8}(x+6)=x-8$

両辺に8をかけて，

$x+6=8(x-8)$

$x+6=8x-64$

$x=10$

(6) $\frac{2}{3}(x-1)=\frac{2}{5}(x+3)$

両辺に15をかけて，

$10(x-1)=6(x+3)$

$10x-10=6x+18$

$x=7$

❷ (1) $\frac{1}{2}(x+4)=-2$

両辺に2をかけて，

$x+4=-4$

$x=-8$

(2) $\frac{4}{3}(x-3)=8$

両辺に3をかけて，$4(x-3)=24$

$x-3-6$

$x=9$

(3) $\frac{5}{12}(x-4)=\frac{5}{6}$

両辺に12をかけて，

$5(x-4)=10$

$x-4=2$

$x=6$

(4) $\frac{1}{7}(3x-5)=-2$

両辺に7をかけて，

$3x-5=-14$

$x=-3$

(5) $\frac{3}{16}(x-3)=-\frac{3}{2}$

両辺に16をかけて，

$3(x-3)=-24$

$x-3=-8$

$x=-5$

(6) $-\frac{1}{3}(4x+1)=-3$

両辺に-3をかけて，

$4x+1=9$

$4x=8$

$x=2$

(7) $\frac{1}{2}(x-2)=\frac{1}{3}(x+3)$

両辺に6をかけて，

$3(x-2)=2(x+3)$

$3x-6=2x+6$

$x=12$

(8) $\frac{1}{6}(x+7)=\frac{1}{8}(x+8)$

両辺に24をかけて，

$4(x+7)=3(x+8)$

$4x+28=3x+24$

$x=-4$

(9) $\frac{3}{2}(x-2)=\frac{1}{4}(5x-4)$

両辺に4をかけて，

$6(x-2)=5x-4$

$6x-12=5x-4$

$x=8$

(10) $\frac{1}{5}(3x-7)=\frac{1}{2}(x-4)$

両辺に10をかけて，

$2(3x-7)=5(x-4)$

$6x-14=5x-20$

$x=-6$

38 いろいろな方程式の解き方❺ 本冊 p.78

❶ (1) $\boldsymbol{a=2}$ (2) $\boldsymbol{a=6}$ (3) $\boldsymbol{a=-2}$

❷ (1) $\boldsymbol{a=4}$ (2) $\boldsymbol{a=3}$ (3) $\boldsymbol{a=5}$

❸ (1) $\boldsymbol{a=3}$ (2) $\boldsymbol{a=-4}$ (3) $\boldsymbol{a=-1}$ (4) $\boldsymbol{a=3}$

❹ (1) $\boldsymbol{a=1}$ (2) $\boldsymbol{a=4}$ (3) $\boldsymbol{a=-3}$

解き方

❶ (1) $x=3$を代入(だいにゅう)して，

$3+a=5$

$a=2$

(2) $x=3$を代入して，

$9-a=3$

$a=6$

(3) $x=3$を代入して，

$4a+9=-6+7$

$a=-2$

❷ (1) $x=-1$を代入して，

$-1+3a=11$

$a=4$

(2) $x=-1$を代入して，

$2a+7=13$

$a=3$

(3) $x=-1$を代入して，

$\frac{-1+5}{2}=\frac{a+1}{3}$

$2=\frac{a+1}{3}$

両辺に3をかけて

$6=a+1$

$a=5$

❸ (1) $x=4$を代入して，

$8-3a=-1$

$a=3$

(2) $x=4$を代入して，

$16=4-3a$

$a=-4$

(3) $x=4$を代入して，

$0.4a=-1.2+0.8$

両辺に10をかけて，

$4a=-12+8$

$a=-1$

(4) $x=4$を代入して，

$\frac{1}{3}(4+11)=2a-1$

$5=2a-1$

$a=3$

❹ (1) $x=-2$を代入して，

$-8+5a=-3$

$a=1$

(2) $x=-2$を代入して，

$3a+1=8+5$

$a=4$

(3) $x=-2$を代入して，

$\frac{a-5}{4}=\frac{-2-8}{5}$

$\frac{a-5}{4}=-2$

両辺に4をかけて

$a-5=-8$

$a=-3$

39 1次方程式の利用❶ 本冊 p.80

❶ (1) **$\boldsymbol{10+x}$(歳(さい))** (2) **$\boldsymbol{38+x}$(歳)** (3) **4年後**

❷ (1) **$\boldsymbol{x+5}$(歳)** (2) **$\boldsymbol{x+35}$(歳)** (3) **25歳**

❸ **3年前** ❹ **9歳** ❺ **3年後** ❻ **10歳**

解き方

❶ (1) 現在10歳で，x年後は$10+x$(歳)

(2) 現在38歳で，x年後は$38+x$(歳)

(3) x年後の年齢(ねんれい)の関係より，

$38+x=3(10+x)$ $x=4$

よって，4年後

❷ (1) 現在x歳で，5年後は$x+5$(歳)

(2) 現在$x+30$(歳)で，5年後は$x+35$(歳)

(3) 5年後の年齢の関係より，

$x+35=2(x+5)$　$x=25$

よって，25歳

❸ x年前，Cさんの年齢は$11-x$(歳)，母の年齢は$43-x$(歳)であるから，年齢の関係より，

$43-x=5(11-x)$　$x=3$

よって，3年前

❹ 現在のDさんの年齢をx歳とすると，

2年前，Dさんの年齢は$x-2$(歳)，父の年齢は$x+33$(歳)であるから，年齢の関係より，

$x+33=6(x-2)$　$x=9$

よって，9歳

❺ x年後，Eさんの年齢は$4+x$(歳)，兄の年齢は$11+x$(歳)であるから，年齢の関係より，

$11+x=2(4+x)$　$x=3$

よって，3年後

❻ 現在のFさんの年齢をx歳とすると，

6年後，Fさんの年齢は$x+6$(歳)，姉の年齢は$x+14$(歳)であるから，年齢の関係より，

$x+14=\frac{3}{2}(x+6)$　$x=10$

よって，10歳

40 1次方程式の利用❷

本冊 p.82

❶ (1)**$8-x$(個)**　(2)**5個**

❷ **150円**　❸ **ケーキ　3個，ゼリー　2個**

❹ **120円**　❺ **折り紙　12枚，画用紙　8枚**

❻ **お茶　4本，ジュース　6本**

❼ **タオル　4枚，ハンカチ　2枚**

解き方

❶ (1) チョコレートとプリンを合わせて8個買ったから，買ったプリンの個数は，$8-x$(個)

(2) 代金の関係より，

$80x+200(8-x)=1000$　$x=5$

よって，5個

❷ ボールペン1本の値段をx円とする。

$4x+200=800$　$x=150$

よって，150円

❸ ケーキをx個買ったとする。代金の関係より，

$300x+250(5-x)=1400$　$x=3$

よって，ケーキは3個，ゼリーは$5-3=2$(個)

❹ りんご1個の値段をx円とする。

$5x+100=700$　$x=120$

よって，120円

❺ 折り紙をx枚買ったとする。代金の関係より，

$10x+30(20-x)=360$　$x=12$

よって，折り紙は12枚，画用紙は$20-12=8$(枚)

❻ お茶をx本買ったとする。代金の関係より，

$70x+90(10-x)=820$　$x=4$

よって，お茶は4本，ジュースは$10-4=6$(本)

❼ タオルをx枚買ったとする。代金の関係より，

$400x+700(6-x)=3000$　$x=4$

よって，タオルは4枚，ハンカチは$6-4=2$(枚)

41 1次方程式の利用❸

本冊 p.84

❶ (1)**$3x-4$(枚)**　(2)**$2x+16$(枚)**

(3)**20人**　(4)**56枚**

❷ **ノートの値段　180円，金額　1020円**

❸ **長いすの数　6脚(きゃく)，生徒の人数　45人**

❹ **生徒の人数　3人，色紙の値段　400円**

❺ **班の数　5班，ペンの本数　13本**

❻ **お茶の値段　90円，金額　750円**

解き方

❶ (1) $3x$枚に4枚たりないから，$3x-4$(枚)

(2) $2x$枚より16枚多いから，$2x+16$(枚)

(3) 枚数の関係より，

$3x-4=2x+16$　$x=20$

よって，20人

(4) $3\times20-4=56$(枚)

❷ ノート1冊の値段をx円とする。金額の関係より，

$5x+120=6x-60$　$x=180$

よって，180円

持っている金額は，$180\times5+120=1020$(円)

❸ 長いすの数をx脚とする。人数の関係より，

$7x+3=8(x-1)+5$　$x=6$

よって，6脚

人数は，$7\times6+3=45$(人)

❹ 人数をx人とする。金額の関係より，

$140x-20=130x+10$　$x=3$

よって，3人

色紙の値段は，$140\times3-20=400$(円)

❺ 班の数をx班とする。ペンの本数の関係より，

$2x+3=3x-2$　$x=5$

よって，5班

ペンの本数は，$2\times5+3=13$(本)

❻ お茶1本の値段をx円とする。金額の関係より，

$9x-60=8x+30$　$x=90$

よって，90円

持っている金額は，$90\times9-60=750$(円)

42 1次方程式の利用❹

本冊 p.86

❶ (1)**$60x$(m)**　(2)**$40(x+5)$(m)**

(3)**10分後**　(4)**600m**

❷ 時刻　**10時8分，道のり　400m**

❸ 時間　**11分，道のり　715m**

❹ 時刻　**12時10分，道のり　1800m**

❺ 時間　**12分，道のり　720m**

❻ 時刻　**11時11分，道のり　660m**

解き方

❶ (1) 分速60mで進んでいるから，$60x$(m)

(2) 妹は，姉が出発した時点ですでに5分進んでいるから，$40(x+5)$(m)

(3) 道のりの関係より，

$60x=40(x+5)$　$x=10$

よって，10分後

(4) $60\times10=600$(m)

❷ 兄が出発してから弟に追いつくまでの時間をx分とする。道のりの関係より，

$200x=50(x+6)$　$x=2$

よって，追いついた時刻は，10時8分

家からの道のりは，$200\times2=400$(m)

❸ 兄が出発してから弟に追いつくまでの時間をx分とする。道のりの関係より，

$65x=55(x+2)$　$x=11$

よって，追いつくまでの時間は，11分

家からの道のりは，$65\times11=715$(m)

❹ 父が出発してからAさんを追いこすまでの時間をx分とする。道のりの関係より，

$600x=180(x+7)$　$x=3$

よって，追いこした時刻は，12時10分

家からの道のりは，$600\times3=1800$(m)

❺ 姉が出発してから妹に追いつくまでの時間をx分とする。道のりの関係より，

$60x=45(x+4)$　$x=12$

よって，追いつくまでの時間は，12分

家からの道のりは，$60\times12=720$(m)

❻ 兄が出発してから弟に追いつくまでの時間をx分とする。道のりの関係より，

$220x=60(x+8)$　$x=3$

よって，追いついた時刻は，11時11分

家からの道のりは，$220\times3=660$(m)

43 1次方程式の利用❺

本冊 p.88

❶ (1)**$x+100$(円)**　(2)**900円**

❷ (1)**$\frac{13}{10}x$(円)**　(2)**500円**

❸ **380円**　❹ **1000円**　❺ **400円**

❻ **840円**　❼ **400円**

解き方

❶ (1) 100円の利益を見込んで定価をつけているから，$x+100$(円)

(2) 売り値の関係より，

$\frac{8}{10}(x+100)=800$　$x=900$

よって，900円

❷ (1) 原価の30%の利益を見込んで定価をつけているから，$\frac{130}{100}x=\frac{13}{10}x$(円)

(2) 売り値の関係より，

$\frac{13}{10}x-50=600$　$x=500$

よって，500円

❸ 原価をx円とする。売り値の関係より，

$\frac{9}{10}(x+120)=450$　$x=380$

よって，380円

❹　原価をx円とする。売り値の関係より，

$\frac{12}{10}x\times\frac{90}{100}=1080$　$x=1000$

よって，1000円

❺　原価をx円とする。売り値の関係より，

$\frac{140}{100}x-60=500$　$x=400$

よって，400円

❻　原価をx円とする。売り値の関係より，

$\frac{75}{100}(x+360)=900$　$x=840$

よって，840円

❼　原価をx円とする。売り値の関係より，

$\frac{13}{10}x\times\frac{8}{10}=416$　$x=400$

よって，400円

44 1次方程式の利用❻

本冊 p.90

❶　(1)$\mathbf{2n+3}$　(2)**11**　❷　**7**　❸　**54**
❹　**20**　❺　**14**　❻　**29**　❼　**26**　❽　**17**

解き方

❶　(1)　もっとも小さい奇数(きすう)を$2n-1$とすると，その次の奇数が$2n+1$，もっとも大きい奇数が$2n+3$となります。

(2)　$(2n-1)+(2n+1)+(2n+3)=39$　$n=6$

もっとも小さい奇数は，$2\times6-1=11$

❷　ある整数をxとする。

$2x+1=3(x-2)$　$x=7$

❸　もとの自然数(しぜんすう)の十の位の数をxとする。

$10x+4=40+x+9$　$x=5$

もとの自然数は，$10\times5+4=54$

❹　もっとも小さい偶数(ぐうすう)を$2n$とする。

$(2n)+(2n+2)+(2n+4)=54$　$n=8$

もっとも大きい偶数は，$2\times8+4=20$

❺　ある整数をxとすると，

$3x+6=2(x+10)$　$x=14$

❻　もとの自然数の一の位の数をxとすると，

$20+x=10x+2-63$　$x=9$

もとの自然数は，$20+9=29$

❼　もっとも小さい整数をnとすると，

$n+(n+1)+(n+2)=81$　$n=26$

もっとも小さい整数は，26

❽　もとの自然数の十の位の数をxとすると，

$10x+7=70+x-54$　$x=1$

もとの自然数は，$10\times1+7=17$

45 1次方程式の利用❼

本冊 p.92

❶　(1)**9本**　(2)$\mathbf{2n+1}$**(本)**　(3)**21本**
❷　(1)$\mathbf{3n}$**(個)**　(2)**36個**
❸　(1)**16本**　(2)$\mathbf{3n+1}$**(本)**　(3)**43本**
❹　(1)**16個**　(2)$\mathbf{n^2}$**(個)**　(3)**64個**

解き方

❶　(1)　正三角形が1個増えるごとに，必要な棒の本数は2本増えます。正三角形が3個のときに棒の本数は7本であるから，$7+2=9$(本)

(2)　正三角形が1個増えるごとに，必要な棒の本数は2本増え，正三角形が1個のときに棒の本数は3本であるから，

$3+2\times(n-1)=2n+1$(本)

(3)　$2\times10+1=21$(本)

❷　(1)　1番目，2番目，…となるごとに，必要な石の個数は3個増え，1番目のときに石の個数は3個であるから，$3n$(個)

(2)　$3\times12=36$(個)

❸　(1)　正方形が1個増えるごとに，必要な棒の本数は3本増えます。正方形が3個のときに棒の本数は10本であるから，$10+3\times2=16$(本)

(2)　正方形が1個増えるごとに，必要な棒の本数は3本増え，正方形が1個のときに棒の本数は4本であるから，$4+3\times(n-1)=3n+1$(本)

(3)　$3\times14+1=43$(本)

❹　(1)　1番目，2番目，…となると，必要な石の個数は$1\times1=1$(個)，$2\times2=4$(個)，…となっているから，4番目は，$4\times4=16$(個)

(2)　1番目，2番目，…となると，必要な石の個数は$1\times1=1$(個)，$2\times2=4$(個)，…となっているから，n番目は，n^2(個)

(3) $8^2=64$(個)

46 比例式

本冊 p.94

❶ (1)$x=2$ (2)$x=5$ (3)$x=4$ (4)$x=6$ (5)$x=1$ (6)$x=6$ (7)$x=2$

❷ (1)$x=15$ (2)$x=9$ (3)$x=7$ (4)$x=3$ (5)$x=9$ (6)$x=8$ (7)$x=9$ (8)$x=5$

解き方

❶ (1) $x:8=3:12$

$12x=24 \quad x=2$

(2) $15:x=6:2$

$6x=30 \quad x=5$

(3) $3:15=x:20$

$15x=60 \quad x=4$

(4) $12:9=8:x$

$12x=72 \quad x=6$

(5) $(x+3):5=12:15$

$15(x+3)=5\times12$

$15x+45=60 \quad x=1$

(6) $2:(x-3)=8:12$

$8(x-3)=2\times12$

$8x-24=24 \quad x=6$

(7) $16:(x+6)=2:(x-1)$

$16(x-1)=2(x+6)$

$16x-16=2x+12 \quad x=2$

❷ (1) $6:x=2:5$

$2x=30 \quad x=15$

(2) $x:3=6:2$

$2x=18 \quad x=9$

(3) $9:21=3:x$

$9x=63 \quad x=7$

(4) $2:12=x:18$

$12x=36 \quad x=3$

(5) $18:(x+6)=6:5$

$6(x+6)=18\times5$

$6x+36=90 \quad x=9$

(6) $(x-4):7=20:35$

$35(x-4)=7\times20$

$35x-140=140 \quad x=8$

(7) $6:(x-5)=9:(x-3)$

$6(x-3)=9(x-5)$

$6x-18=9x-45 \quad x=9$

(8) $(x+19):6=(x+3):2$

$2(x+19)=6(x+3)$

$2x+38=6x+18 \quad x=5$

47 比例式の利用

本冊 p.96

❶ 280mL ❷ 8枚 ❸ 60枚 ❹ 2個 ❺ 200g ❻ 4000円 ❼ 9枚 ❽ 18枚 ❾ 6個

解き方

❶ 容器Bに入れる水の量をx mLとする。

$420:x=3:2$

$3x=840 \quad x=280$

❷ 兄に分けられるクッキーの枚数をx枚とする。

$x:(14-x)=4:3$

$3x=4(14-x)$

$3x=56-4x \quad x=8$

❸ 折り紙が全部でx枚あるとする。

$x:10=78:13$

$13x=780 \quad x=60$

❹ ボールをx個移したとする。

$(12-x):(4+x)=5:3$

$3(12-x)=5(4+x)$

$36-3x=20+5x \quad x=2$

❺ 必要なケチャップの量をx gとする。

$x:160=5:4$

$4x=800 \quad x=200$

❻ 弟の所持金をx円とする。

$5600:x=7:5$

$7x=28000 \quad x=4000$

❼ Bさんに分けられる画用紙の枚数をx枚とする。

$(15-x):x=2:3$

$3(15-x)=2x$

$45-3x=2x \quad x=9$

❽ コインが全部でx枚あるとする。

$x:4=63:14$

$14x=252 \quad x=18$

❾ りんごをx個移したとする。

$(16-x):(6+x)=5:6$

$6(16-x)=5(6+x)$

$96-6x=30+5x \quad x=6$

48 まとめのテスト❸

本冊 p.98

❶ (1)$\boldsymbol{x=8}$ (2)$\boldsymbol{x=5}$ (3)$\boldsymbol{x=-2}$ (4)$\boldsymbol{x=-4}$
(5)$\boldsymbol{x=6}$

❷ (1)$\boldsymbol{a=8}$ (2)$\boldsymbol{a=-4}$ ❸ **7年前**

❹ **値段 110円，持っている金額 580円**

❺ **1650円** ❻ **23** ❼ **4枚**

解き方

❶ (1) $\frac{9}{4}x=18$

$\frac{9}{4}x\times\frac{4}{9}=18\times\frac{4}{9}$

$x=8$

(2) $11-3x=-9+x$

$-3x-x=-9-11$

$x=5$

(3) $4x+2(3-5x)=18$

$4x+6-10x=18$

$x=-2$

(4) $0.06x+0.13=-0.11$

両辺に100をかけて，

$6x+13=-11$

$x=-4$

(5) $\frac{1}{2}(3x-10)=\frac{1}{3}(x+6)$

両辺に6をかけて，

$3(3x-10)=2(x+6)$

$9x-30=2x+12$

$x=6$

❷ (1) $x=-3$を代入(だいにゅう)して，

$3a+15=39 \quad a=8$

(2) $x=-3$を代入して，

$\frac{a+1}{3}=\frac{-3-2}{5}$

$\frac{a+1}{3}=-1$

両辺に3をかけて，

$a+1=-3 \quad a=-4$

❸ x年前，Aさんの年齢(れい)は$12-x$(歳(さい))，父の年齢は$47-x$(歳)であるから，年齢の関係より，

$47-x=8(12-x) \quad x=7$

よって，7年前

❹ 消しゴム1個の値段をx円とすると，

金額の関係より，

$4x+140=5x+30 \quad x=110$

よって，110円

持っている金額は，$110\times4+140=580$(円)

❺ 原価をx円とすると，売り値の関係より，

$\frac{96}{100}(x+350)=1920 \quad x=1650$

よって，1650円

❻ もっとも小さい奇数(きすう)を$2n-1$とすると，

$(2n-1)+(2n+1)+(2n+3)=63 \quad n=10$

もっとも大きい奇数は，$2\times10+3=23$

❼ 折り紙をx枚あげたとすると，

$(20-x):(6+x)=8:5$

$5(20-x)=8(6+x)$

$100-5x=48+8x$

$x=4$

49 関数

本冊 p.100

❶ **ア，エ**

❷ (1)$\boldsymbol{x\geqq2}$ (2)$\boldsymbol{x<7}$ (3)$\boldsymbol{4<x\leqq9}$
(4)$\boldsymbol{-2\leqq x<3}$

❸ (1)$\boldsymbol{x\geqq3}$ (2)$\boldsymbol{5<x\leqq8}$ ❹ **イ，ウ**

❺ (1)$\boldsymbol{x>-3}$ (2)$\boldsymbol{x\leqq12}$ (3)$\boldsymbol{1<x<5}$
(4)$\boldsymbol{-8\leqq x\leqq-1}$

❻ (1)$\boldsymbol{x<7}$ (2)$\boldsymbol{2\leqq x<9}$ (3)$\boldsymbol{4<x<12}$

解き方

❶ **xの値(あたい)が決まるとyの値がただ1つに決まるものは，アとエ**

❷ 「以上」，「以下」は≧や≦で表します。「より大きい」，「より小さい」，「未満」は＞や＜で表します。

❸ 「以上」，「以下」を表す記号と，「より大きい」，「より小さい」を表す記号のちがいに注意します。

❹ xの値からyの値が1つに決まるのは，**イとウ**

❺ 「以上」，「以下」は≧や≦で表します。「より大きい」，「より小さい」，「未満」は>や<で表します。

❻ 「以上」，「以下」を表す記号と，「より大きい」，「より小さい」を表す記号のちがいに注意します。

50 比例と比例定数

本冊 p.102

❶ **ア，ウ**

❷ (1)式　$\boldsymbol{y=4x}$，比例定数（ひれいていすう）　**4**

(2)式　$\boldsymbol{y=2x}$，比例定数　**2**

(3)式　$\boldsymbol{y=-3x}$，比例定数　**−3**

❸ **ア，イ，エ**

❹ (1)式　$\boldsymbol{y=5x}$，比例定数　**5**

(2)式　$\boldsymbol{y=-4x}$，比例定数　**−4**

(3)式　$\boldsymbol{y=3x}$，比例定数　**3**

(4)式　$\boldsymbol{y=-x}$，比例定数　**−1**

解き方

❶ xの値（あたい）が2倍，3倍，…になるとyの値が2倍，3倍，…になるものを選びます。

❷ (1) $\frac{4}{1}=4$であるから，$y=4x$

(2) $\frac{-8}{-4}=2$であるから，$y=2x$

(3) $\frac{-3}{1}=-3$であるから，$y=-3x$

❸ xの値が2倍，3倍，…になるとyの値が2倍，3倍，…になるものを選びます。

❹ (1) $\frac{15}{3}=5$であるから，$y=5x$

(2) $\frac{8}{-2}=-4$であるから，$y=-4x$

(3) $\frac{-18}{-6}=3$であるから，$y=3x$

(4) $\frac{-6}{6}=-1$であるから，$y=-x$

51 比例の式の決定

本冊 p.104

❶ (1)$\boldsymbol{y=2x}$　(2)$\boldsymbol{y=3x}$

(3)$\boldsymbol{y=-x}$　(4)$\boldsymbol{y=-4x}$

(5)$\boldsymbol{y=\frac{1}{5}x}$

❷ (1)$\boldsymbol{y=12}$　(2)$\boldsymbol{y=-15}$　(3)$\boldsymbol{y=-1}$

❸ (1)$\boldsymbol{y=6x}$　(2)$\boldsymbol{y=12x}$　(3)$\boldsymbol{y=-3x}$

(4)$\boldsymbol{y=-5x}$　(5)$\boldsymbol{y=-\frac{1}{3}x}$　(6)$\boldsymbol{y=\frac{1}{9}x}$

❹ (1)$\boldsymbol{y=-32}$　(2)$\boldsymbol{y=24}$　(3)$\boldsymbol{y=2}$

解き方

❶ (1) $\frac{6}{3}=2$であるから，$y=2x$

(2) $\frac{-9}{-3}=3$であるから，$y=3x$

(3) $\frac{-4}{4}=-1$であるから，$y=-x$

(4) $\frac{20}{-5}=-4$であるから，$y=-4x$

(5) $\frac{2}{10}=\frac{1}{5}$であるから，$y=\frac{1}{5}x$

❷ (1) $\frac{20}{5}=4$であるから，$y=4x$

$x=3$を代入（だいにゅう）して，$y=4\times3=12$

(2) $\frac{10}{-2}=-5$であるから，$y=-5x$

$x=3$を代入して，$y=-5\times3=-15$

(3) $\frac{-4}{12}=-\frac{1}{3}$であるから，$y=-\frac{1}{3}x$

$x=3$を代入して，$y=-\frac{1}{3}\times3=-1$

❸ (1) $\frac{12}{2}=6$であるから，$y=6x$

(2) $\frac{-36}{-3}=12$であるから，$y=12x$

(3) $\frac{-9}{3}=-3$であるから，$y=-3x$

(4) $\frac{35}{-7}=-5$であるから，$y=-5x$

(5) $\frac{4}{-12}=-\frac{1}{3}$であるから，$y=-\frac{1}{3}x$

(6) $\frac{-2}{-18}=\frac{1}{9}$であるから，$y=\frac{1}{9}x$

❹ (1) $\frac{24}{3}=8$であるから，$y=8x$

$x=-4$を代入して，$y=8\times(-4)=-32$

(2) $\frac{-30}{5}=-6$であるから，$y=-6x$

$x=-4$を代入して，$y=-6\times(-4)=24$

(3) $\frac{12}{-24}=-\frac{1}{2}$であるから，$y=-\frac{1}{2}x$

$x=-4$を代入して，$y=-\frac{1}{2}\times(-4)=2$

52 座標

本冊 p.106

❶ (1)**(2, 3)** (2)**(3, −1)** (3)**(−4, 2)**
(4)**(−1, −3)** (5)**(5, 3)**

❷ (1)点**E** (2)点**D**

❸

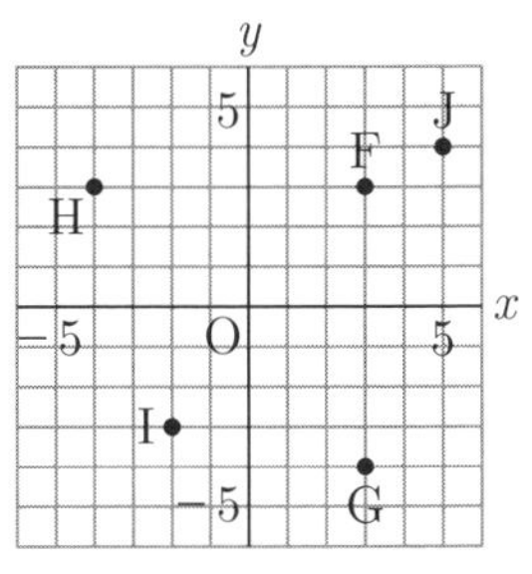

❹ (1)**(−2, −1)** (2)**(3, 2)** (3)**(4, 5)**
(4)**(5, −2)** (5)**(−5, 4)**

❺ (1)点**E** (2)点**C** (3) 点**D**

❻

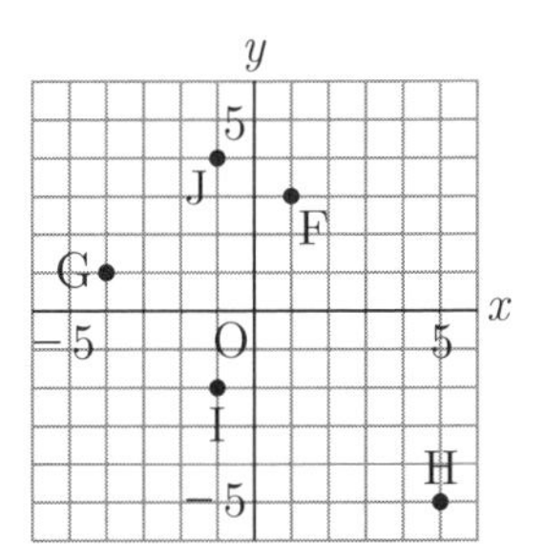

解き方

❶ 図からx座標(ざひょう)とy座標を読みとり，
(x座標，y座標)の形で座標を表します。

❷ (1) 点Eのx座標5がもっとも大きいです。
(2) 点Dのy座標−3がもっとも小さいです。

❸ それぞれの座標を点で示します。

❹ 図からx座標とy座標を読みとり，
(x座標，y座標)の形で座標を表します。

❺ (1) 点Eのx座標−5がもっとも小さいです。
(2) 点Cのy座標5がもっとも大きいです。
(3) x座標が5，y座標が−2なので，点Dです。

❻ それぞれの座標を点で示します。

53 対称な点

本冊 p.108

❶ (1)点**B** (2)点**C** (3)点**D** (4)点**E** (5)点**B**
(6)点**C** (7)**(−4, 5)** (8)**(−5, −4)**

❷ (1)点**D** (2)点**B** (3)点**C** (4)点**C**
(5)点**B** (6)点**D** (7)**(2, 0)** (8)**(2, 1)**
(9)**(2, −1)**

解き方

❶ (1) 点Aとx座標(ざひょう)が等しく，y座標の符号(ふごう)が異なるのは，点B
(2) 点Aとy座標が等しく，x座標の符号が異なるのは，点C
(3) 点Aとx座標，y座標それぞれの符号が異なるのは，点D
(4) 点Aの座標は(3, 2)であるから，座標が(5, 4)である点E
(5) 点Dとy座標が等しく，x座標の符号が異なるのは，点B
(6) 点Bとx座標，y座標それぞれの符号が異なるのは，点C
(7) 点Cの座標は(−3, 2)であるから，(−4, 5)
(8) 点Eの座標は(5, 4)であるから，(−5, −4)

❷ (1) 点Aとy座標が等しく，x座標の符号が異なるのは，点D
(2) 点Aとx座標が等しく，y座標の符号が異なるのは，点B
(3) 点Aとx座標，y座標それぞれの符号が異なるのは，点C
(4) 点Eの座標は(−2, −1)であるから，座標が(4, −3)である点C
(5) 点Cとy座標が等しく，x座標の符号が異なるのは，点B
(6) 点Bとx座標，y座標それぞれの符号が異なるのは，点D
(7) 点Dの座標は(4, 3)であるから，(2, 0)
(8) 点Eの座標は(−2, −1)であるから，(2, 1)
(9) 点Eの座標は(−2, −1)であるから，
(2, −1)

54 比例のグラフ　本冊 p.110

❶ (1)　左から順に，

−9，−6，−3，0，3，6，9

(2)(4)

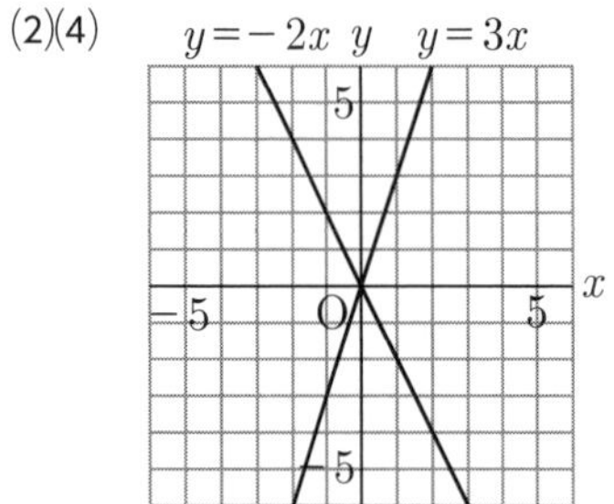

(3)　左から順に，

6，4，2，0，−2，−4，−6

❷ (1)　$\boldsymbol{y=\frac{1}{2}x}$　(2)　$\boldsymbol{y=-3x}$

❸ (1)　左から順に，

$\boldsymbol{-1,\ -\frac{2}{3},\ -\frac{1}{3},\ 0,\ \frac{1}{3},\ \frac{2}{3},\ 1}$

(2)(4)

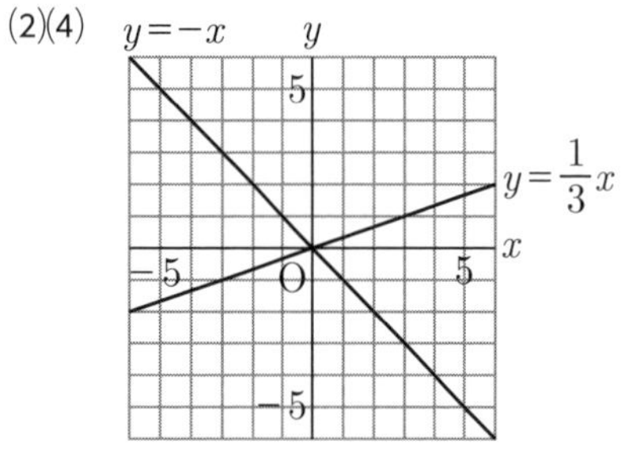

(3)　左から順に，

3，2，1，0，−1，−2，−3

❹ (1)　$\boldsymbol{y=\frac{5}{3}x}$　(2)　$\boldsymbol{y=-\frac{3}{2}x}$

❺ 大きくなる

解き方

❶ (1)　$y=3x$ にそれぞれの x の値を代入します。

(2)　原点と(1，3)などの点を通る直線をかきます。

(3)　$y=-2x$ にそれぞれの x の値を代入します。

(4)　原点と(1，−2)などの点を通る直線をかきます。

❷ (1)　(2，1)を通っているから，$a=\frac{1}{2}$

よって，$y=\frac{1}{2}x$

(2)　(1，−3)を通っているから，$a=\frac{-3}{1}=-3$

よって，$y=-3x$

❸ (1)　$y=\frac{1}{3}x$ にそれぞれの x の値を代入します。

(2)　原点と(3，1)などの点を通る直線をかきます。

(3)　$y=-x$ にそれぞれの x の値を代入します。

(4)　原点と(1，−1)などの点を通る直線をかきます。

❹ (1)　(3，5)を通っているから，$a=\frac{5}{3}$

よって，$y=\frac{5}{3}x$

(2)　(2，−3)を通っているから，$a=\frac{-3}{2}=-\frac{3}{2}$

よって，$y=-\frac{3}{2}x$

❺ $a>0$ のとき，$y=ax$ のグラフは右上がりになり，a の値が大きいほど，グラフの傾きも大きくなります。

55 反比例と比例定数　本冊 p.112

❶ イ，エ

❷ (1)式　$\boldsymbol{y=\frac{12}{x}}$，比例定数　**12**

(2)式　$\boldsymbol{y=-\frac{8}{x}}$，比例定数　**−8**

(3)式　$\boldsymbol{y=\frac{18}{x}}$，比例定数　**18**

❸ ア，ウ

❹ (1)式　$\boldsymbol{y=\frac{36}{x}}$，比例定数　**36**

(2)式　$\boldsymbol{y=-\frac{24}{x}}$，比例定数　**−24**

(3)式　$\boldsymbol{y=-\frac{60}{x}}$，比例定数　**−60**

(4)式　$\boldsymbol{y=\frac{30}{x}}$，比例定数　**30**

解き方

❶ x の値が2倍，3倍，…になると y の値が $\frac{1}{2}$ 倍，$\frac{1}{3}$ 倍，…になるものを選びます。

❷ (1)　$1\times12=12$ であるから，$y=\dfrac{12}{x}$

(2)　$1\times(-8)=-8$ であるから，$y=-\dfrac{8}{x}$

(3)　$-1\times(-18)=18$ であるから，$y=\dfrac{18}{x}$

❸　x の値が 2 倍，3 倍，…になると y の値が $\dfrac{1}{2}$ 倍，$\dfrac{1}{3}$ 倍，…になるものを選びます。

❹ (1)　$1\times36=36$ であるから，$y=\dfrac{36}{x}$

(2)　$3\times(-8)=-24$ であるから，$y=-\dfrac{24}{x}$

(3)　$-1\times60=-60$ であるから，$y=-\dfrac{60}{x}$

(4)　$-3\times(-10)=30$ であるから，$y=\dfrac{30}{x}$

56 反比例の式の決定

本冊 p.114

❶ (1) $\boldsymbol{y=\dfrac{10}{x}}$　(2) $\boldsymbol{y=-\dfrac{12}{x}}$　(3) $\boldsymbol{y=-\dfrac{25}{x}}$
(4) $\boldsymbol{y=\dfrac{32}{x}}$　(5) $\boldsymbol{y=\dfrac{3}{x}}$

❷ (1) $\boldsymbol{y=20}$　(2) $\boldsymbol{y=-9}$　(3) $\boldsymbol{y=14}$

❸ (1) $\boldsymbol{y=\dfrac{35}{x}}$　(2) $\boldsymbol{y=-\dfrac{22}{x}}$　(3) $\boldsymbol{y=-\dfrac{6}{x}}$
(4) $\boldsymbol{y=\dfrac{27}{x}}$　(5) $\boldsymbol{y=-\dfrac{4}{x}}$　(6) $\boldsymbol{y=\dfrac{8}{x}}$

❹ (1) $\boldsymbol{y=-3}$　(2) $\boldsymbol{y=12}$　(3) $\boldsymbol{y=5}$

解き方

❶ (1)　$2\times5=10$ であるから，$y=\dfrac{10}{x}$

(2)　$-3\times4=-12$ であるから，$y=-\dfrac{12}{x}$

(3)　$5\times(-5)=-25$ であるから，$y=-\dfrac{25}{x}$

(4)　$-4\times(-8)=32$ であるから，$y=\dfrac{32}{x}$

(5)　$\dfrac{1}{4}\times12=3$ であるから，$y=\dfrac{3}{x}$

❷ (1)　$5\times8=40$ であるから，$y=\dfrac{40}{x}$

$x=2$ を代入(だいにゅう)して，$y=\dfrac{40}{2}=20$

(2)　$-3\times6=-18$ であるから，$y=-\dfrac{18}{x}$

$x=2$ を代入して，$y=-\dfrac{18}{2}=-9$

(3)　$-7\times(-4)=28$ であるから，$y=\dfrac{28}{x}$

$x=2$ を代入して，$y=\dfrac{28}{2}=14$

❸ (1)　$5\times7=35$ であるから，$y=\dfrac{35}{x}$

(2)　$-2\times11=-22$ であるから，$y=-\dfrac{22}{x}$

(3)　$3\times(-2)=-6$ であるから，$y=-\dfrac{6}{x}$

(4)　$-9\times(-3)=27$ であるから，$y=\dfrac{27}{x}$

(5)　$-\dfrac{1}{6}\times24=-4$ であるから，$y=-\dfrac{4}{x}$

(6)　$-3\times\left(-\dfrac{8}{3}\right)=8$ であるから，$y=\dfrac{8}{x}$

❹ (1)　$2\times6=12$ であるから，$y=\dfrac{12}{x}$

$x=-4$ を代入して，$y=\dfrac{12}{-4}=-3$

(2)　$6\times(-8)=-48$ であるから，$y=-\dfrac{48}{x}$

$x=-4$ を代入して，$y=\dfrac{-48}{-4}=12$

(3)　$60\times\left(-\dfrac{1}{3}\right)=-20$ であるから，$y=-\dfrac{20}{x}$

$x=-4$ を代入して，$y=\dfrac{-20}{-4}=5$

57 反比例のグラフ

本冊 p.116

❶ (1)　左から順に，
-2，-3，-6，6，3，2

(2)(4)

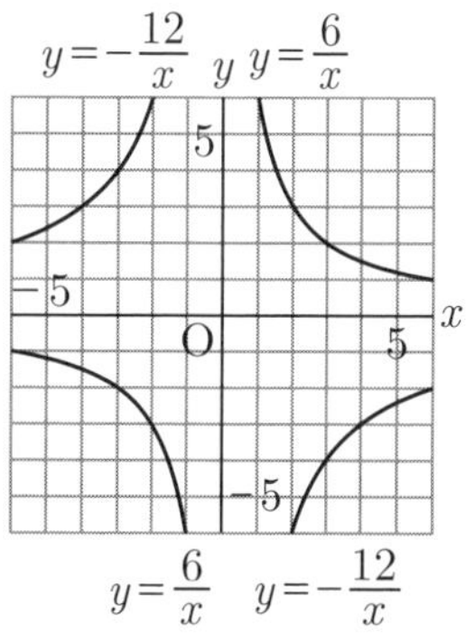

$y=-\dfrac{12}{x}$　y　$y=\dfrac{6}{x}$

5　-5　O　5　x　-5

$y=\dfrac{6}{x}$　$y=-\dfrac{12}{x}$

(3)　左から順に，
4，6，12，-12，-6，-4

❷ (1)　$\boldsymbol{y=\dfrac{12}{x}}$　(2)　$\boldsymbol{y=-\dfrac{8}{x}}$

❸ (1) 左から順に，

−6，−9，−18，18，9，6

(2)(4)

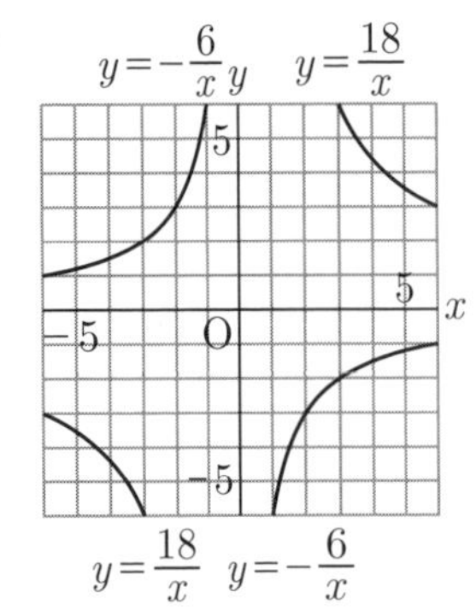

(3) 左から順に，

2，3，6，−6，−3，−2

❹ (1) $\boldsymbol{y=\frac{9}{x}}$ (2) $\boldsymbol{y=-\frac{10}{x}}$

❺ 増加する

解き方

❶ (1) $y=\frac{6}{x}$にそれぞれのxの値を代入します。

(2) (1，6)，(2，3)などの点を通る双曲線をかきます。

(3) $y=-\frac{12}{x}$にそれぞれのxの値を代入します。

(4) (2，−6)，(3，−4)などの点を通る双曲線をかきます。

❷ (1) (2，6)を通っているから，$a=2\times6=12$

よって，$y=\frac{12}{x}$

(2) (2，−4)を通っているから，

$a=2\times(-4)=-8$

よって，$y=-\frac{8}{x}$

❸ (1) $y=\frac{18}{x}$にそれぞれのxの値を代入します。

(2) (3，6)，(6，3)などの点を通る双曲線をかきます。

(3) $y=-\frac{6}{x}$にそれぞれのxの値を代入します。

(4) (1，−6)，(2，−3)などの点を通る双曲線をかきます。

❹ (1) (3，3)を通っているから，$a=3\times3=9$

よって，$y=\frac{9}{x}$

(2) (2，−5)を通っているから，

$a=2\times(-5)=-10$

よって，$y=-\frac{10}{x}$

❺ グラフで考えると，原点の左上の曲線なので，xの値が増加するとyの値も増加します。

58 比例の利用

本冊 p.118

❶ (1) $\boldsymbol{y=4x}$ (2) **20 cm^2** (3) **8 cm**

❷ (1) $\boldsymbol{y=60x}$ (2) $\boldsymbol{y=50x}$ (3) **1分後**

❸ (1) $\boldsymbol{y=80x}$ (2) **480g** (3) **9個**

❹ (1) $\boldsymbol{y=10x}$ (2) $\boldsymbol{y=4x}$ (3) **3分後**

(4) **30 cm**

解き方

❶ (1) (平行四辺形の面積)＝(底辺の長さ)×(高さ)であるから，$y=4x$

(2) $x=5$を$y=4x$に代入して，$y=20$

(3) $y=32$を$y=4x$に代入して，$x=8$

❷ (1) (5，300)を通っているから，$a=\frac{300}{5}=60$

よって，$y=60x$

(2) (6，300)を通っているから，$a=\frac{300}{6}=50$

よって，$y=50x$

(3) 兄が300 m進むのは5分後，弟が300 m進むのは6分後であるから，1分後

❸ (1) (全体の重さ)＝(1個の重さ)×(個数)であるから，$y=80x$

(2) $x=6$を$y=80x$に代入して，$y=480$

(3) $y=720$を$y=80x$に代入して，$x=9$

❹ (1) (2，20)を通っているから，$a=\frac{20}{2}=10$

よって，$y=10x$

(2) (5，20)を通っているから，$a=\frac{20}{5}=4$

よって，$y=4x$

(3) 容器Aの水の高さが20 cmになるのは2分後，容器Bの水の高さが20 cmになるのは5分後であるから，3分後

(4) 容器Aの水の高さが50 cmになるのは5分後であり，このときの容器Bの水の高さは20 cm

であるから，30cm

59 反比例の利用

本冊 p.120

❶ (1) $y=\frac{28}{x}$ (2) 7cm (3) 2cm

❷ (1) 500m (2) $y=\frac{500}{x}$ (3) 分速100m

❸ (1) $y=\frac{240}{x}$ (2) 20cm (3) 16等分

❹ (1) 16L (2) $y=\frac{16}{x}$ (3) 4L (4) 2分

解き方

❶ (1) (長方形の縦の長さ)=(面積)÷(横の長さ)であるから，$y=\frac{28}{x}$

(2) $x=4$を$y=\frac{28}{x}$に代入して，$y=7$

(3) $y=14$を$y=\frac{28}{x}$に代入して，$x=2$

❷ (1) (20，25)を通っているから，分速20mで進むと25分かかります。20×25=500(m)

(2) (1)より，$y=\frac{500}{x}$

(3) グラフより，かかる時間が5分以内になるのは，分速100m以上のときです。

❸ (1) (1つ分の長さ)=(全体の長さ)÷(等分する数)であるから，$y=\frac{240}{x}$

(2) $x=12$を$y=\frac{240}{x}$に代入して，$y=20$

(3) $y=15$を$y=\frac{240}{x}$に代入して，$x=16$

❹ (1) (2，8)を通っているから，毎分2Lの水を入れると8分かかります。2×8=16(L)

(2) (1)より，$y=\frac{16}{x}$

(3) グラフより，満水になるまでの時間が4分以内になるのは，毎分4L以上の水を入れるときです。

(4) グラフより，毎分8L以上の水を入れると，2分以内に満水になります。

60 まとめのテスト❹

本冊 p.122

❶ (1) ア (2) イ，エ (3) ウ

❷ (1) $y=21$ (2) $y=-\frac{21}{4}$

(3) $y=16$ (4) $y=-\frac{40}{3}$

❸ (1) $y=\frac{32}{x}$ (2) 4cm (3) $\frac{8}{3}$cm

❹ (1) $y=200x$ (2) $y=50x$

(3) 6分後 (4) 6分後

解き方

❶ (1) xの値が2倍，3倍，…になるとyの値が2倍，3倍，…になるのは，ア

(2) xの値が2倍，3倍，…になるとyの値が$\frac{1}{2}$倍，$\frac{1}{3}$倍，…になるのは，イ，エ

(3) xの値が決まっても，yの値がただ1つに決まらないのは，ウ

❷ (1) $\frac{-35}{5}=-7$であるから，$y=-7x$

$x=-3$を代入して，$y=-7\times(-3)=21$

(2) $\frac{14}{8}=\frac{7}{4}$であるから，$y=\frac{7}{4}x$

$x=-3$を代入して，$y=\frac{7}{4}\times(-3)=-\frac{21}{4}$

(3) $-4\times12=-48$であるから，$y=-\frac{48}{x}$

$x=-3$を代入して，$y=\frac{-48}{-3}=16$

(4) $-5\times(-8)=40$であるから，$y=\frac{40}{x}$

$x=-3$を代入して，$y=\frac{40}{-3}=-\frac{40}{3}$

❸ (1) (三角形の高さ)=2×(面積)÷(底辺の長さ)であるから，$y=\frac{32}{x}$

(2) $x=8$を$y=\frac{32}{x}$に代入して，$y=4$

(3) $y=12$を$y=\frac{32}{x}$に代入して，$x=\frac{8}{3}$

❹ (1) (1，200)を通っているから，

$a=\frac{200}{1}=200$ よって，$y=200x$

(2) (2，100)を通っているから，$a=\frac{100}{2}=50$

よって，$y=50x$

(3) 兄が400m進むのは2分後，弟が400m進むのは8分後であるから，6分後

(4) 6分後に，兄は1200m，弟は300m進んでいるから，6分後

チャレンジテスト❶

本冊 p.124

1 (1) -7 (2) -4 (3) $\frac{11}{8}$

2 (1) $-6a-23$ (2) $\frac{5}{18}x$

3 (1) $x=3$ (2) $x=6$ **4** 周の長さ

5 イ **6** 1200m **7** 540円

8 10個 **9** $y=-\frac{5}{4}$

解き方

1 (1) $6\div(-2)-4=-3-4=-7$

(2) $-8+6^2\div 9=-8+4=-4$

(3) $-\frac{3}{4}-\frac{1}{8}+\left(\frac{3}{2}\right)^2=-\frac{3}{4}-\frac{1}{8}+\frac{9}{4}=\frac{11}{8}$

2 (1) $2(3a-4)-3(4a+5)=6a-8-12a-15$

$=-6a-23$

(2) $\frac{3x-2}{6}-\frac{2x-3}{9}=\frac{9x-6}{18}-\frac{4x-6}{18}$

$=\frac{5}{18}x$

3 (1) $1.3x+0.6=0.5x+3$

$13x+6=5x+30$

$8x=24 \quad x=3$

(2) $\frac{5x-2}{4}=7$

$5x-2=28$

$5x=30 \quad x=6$

4 縦の長さと横の長さの和を2倍しているから，**長方形の周の長さ**を表します。

5 nの大きさにかかわらず計算結果が正の整数になるのは，**イ**です。

6 家から駅までの道のりをxmとします。

$\frac{x}{50}-\frac{x}{60}=4 \quad x=1200$

よって，1200m

7 商品の原価をx円とします。

$\frac{8}{10}(x+200)=x+52 \quad x=540$

よって，540円

8 (1, 16), (2, 8), (4, 4), (8, 2), (16, 1), (−1, −16), (−2, −8), (−4, −4), (−8, −2), (−16, −1)の10個です。

9 $\frac{-3}{12}=-\frac{1}{4}$であるから，$y=-\frac{1}{4}x$

$x=5$を代入して，$y=-\frac{1}{4}\times 5=-\frac{5}{4}$

チャレンジテスト❷

本冊 p.126

1 (1) -12 (2) 15 (3) $-\frac{11}{12}a$ (4) $\frac{x+10}{6}$

2 289 **3** $20a+51b<180$ **4** 9個

5 エ **6** $x=-4$ **7** 63 **8** 34人

解き方

1 (1) $6-(-3)^2\times 2=6-18=-12$

(2) $(-2)^2\times 3+(-15)\div(-5)=12+3=15$

(3) $\frac{1}{3}a-\frac{5}{4}a=\frac{4}{12}a-\frac{15}{12}a=-\frac{11}{12}a$

(4) $\frac{3x+4}{2}-\frac{4x+1}{3}=\frac{9x+12}{6}-\frac{8x+2}{6}$

$=\frac{x+10}{6}$

2 2023を割り切ることができる数は，1，7，17，$7\times17=119$，$17\times17=289$，$7\times17\times17=2023$です。よって，289

3 エネルギーの総和は$20a+51b$になります。

4 −4，−3，−2，−1，0，1，2，3，4の9個

5 $3n+6=3(n+2)$であり，$n+2$は整数であるから，**エ**です。**ア**，**イ**，**ウ**はnの値によって，3の倍数になるときとならないときがあります。

6 $-6\times 2=-12$であるから，$y=-\frac{12}{x}$

$y=3$を代入(だいにゅう)して，$x=-4$

7 もとの自然数(しぜんすう)の一の位の数をxとします。

$10\times 2x+x=10x+2x+27 \quad x=3$

よって，$10\times2\times3+3=63$

8 班の数をxとすると，人数の関係より，

$8x+2=9(x-1)+7 \quad x=4$

人数は，$8\times4+2=34$(人)